7 단계 초등 4학년

만점왕 연산을 선택한
친구들과 학부모님께!

연산은 수학을 공부하는 데 기본이 되는 **수학의 기초 학습**입니다.

어려운 사고력 문제를 풀 수 있는 학생도 정확하고 빠른 속도의 연산 실력이 부족하다면 높은 수학 점수를 받을 수 없습니다.

정해진 시간 안에 문제를 풀어야 하는 데 기초 연산 문제에서 시간을 다 소비하고 나면 정작 문제 해결을 위한 문제를 풀 시간이 없게 되기 때문입니다.

이처럼 연산은 매우 중요하지만 한 번에 길러지는 게 아니라 **꾸준히 학습해야** 합니다. 하지만 기계적인 연산을 반복하는 것은 사고의 폭을 제한할 수 있으므로 연산도 올바른 방법으로 학습해야 합니다.

처음 연산을 시작하는 학생에게는 연산의 정확성과 속도를 높이는 것이 중요하므로 수학의 개념과 원리를 바탕으로 한 충분한 훈련을 통해 연산 능력을 키워야 합니다.

만점왕 연산은 올바른 연산 공부를 위해 만들어진 책입니다.

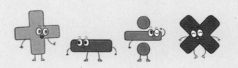

만점왕 연산의 특징은 무엇인가요?

  만점왕 연산은 수학 교과 내용 중 수와 연산, 규칙성 단원을 반영하여 학교 진도에 맞추어 연산 공부를 하기 좋게 만든 책으로 누구나 한 번쯤 해 봤을 연산 교재와는 차별화하여 매일 2쪽씩 부담없이 자기 학년 과정을 꾸준히 공부할 수 있는 연산 교재입니다.

  만점왕 연산의 특징은 학교에서 배우는 수학 공부와 병행할 수 있도록 수학의 가장 기초가 되는 연산을 부담없이 매일 학습이 가능하도록 구성하였다는 점입니다.

만점왕 연산은 총 몇 단계로 구성되어 있나요?

  취학 전 대상인 예비 초등학생을 위한 **예비 2단계**와 **초등 12단계**를 합하여 총 **14단계**로 구성되어 있습니다.

  한 단계는 한 학기를 기준으로 구성하였기 때문에 초등 입학 전부터 시작하여 예비 초등 1, 2단계를 마친 다음에는 1학년부터 6학년까지 총 12학기 동안 꾸준히 학습할 수 있습니다.

단계	Pre ❶단계	Pre ❷단계	❶단계	❷단계	❸단계	❹단계	❺단계
단계	취학 전 (만 6세부터)	취학 전 (만 6세부터)	초등 1-1	초등 1-2	초등 2-1	초등 2-2	초등 3-1
분량	10차시	10차시	8차시	12차시	12차시	8차시	10차시

단계	❻단계	❼단계	❽단계	❾단계	❿단계	⓫단계	⓬단계
단계	초등 3-2	초등 4-1	초등 4-2	초등 5-1	초등 5-2	초등 6-1	초등 6-2
분량	10차시	10차시	10차시	10차시	10차시	10차시	10차시

5일차 학습을 하루에 다 풀어도 되나요?

  연산은 한 번에 많이 푸는 것이 아니라 매일 꾸준히, 그리고 점차 난이도를 높여 가며 풀어야 실력이 향상됩니다.

  만점왕 연산 교재로 **월요일부터 금요일까지 하루에 2쪽씩** 학기 중에 학교 수학 진도와 병행하여 푸는 것이 가장 좋습니다.

학습하기 전! **단원 도입**을 보면서 흥미를 가져요.

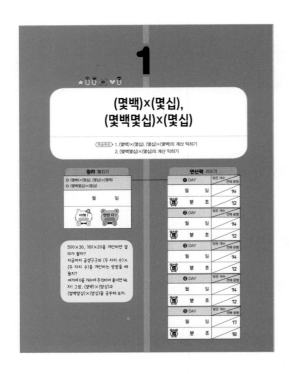

그림으로 이해

각 차시의 내용을 한눈에 이해할 수 있는 간단한 그림으로 표현하였어요.

학습 목표

각 차시별 구체적인 학습 목표를 제시하였어요.

학습 체크란

[원리 깨치기] 코너와 [연산력 키우기] 코너로 구분되어 있어요. 연산력 키우기는 날짜, 시간, 맞은 문항 개수를 매일 체크하여 학습 진행 과정을 스스로 관리할 수 있도록 하였어요.

친절한 설명글

차시에 대한 이해를 돕고 친구들에게 학습에 대한 의욕을 북돋는 글이에요.

원리 깨치기만 보면 계산 원리가 보여요.

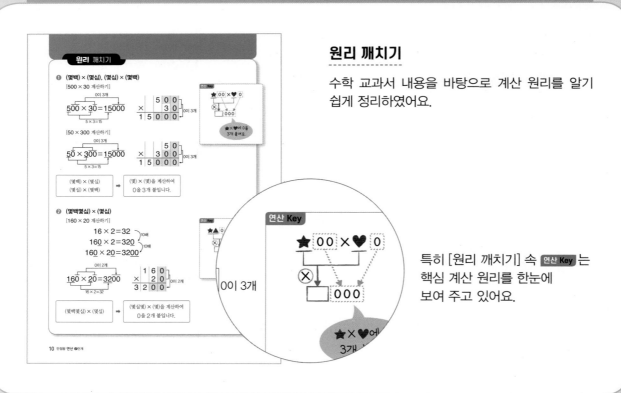

원리 깨치기

수학 교과서 내용을 바탕으로 계산 원리를 알기 쉽게 정리하였어요.

특히 [원리 깨치기] 속 연산 Key 는 핵심 계산 원리를 한눈에 보여 주고 있어요.

5DAY 연산력 키우기로 연산 능력을 쑥쑥 길러요.

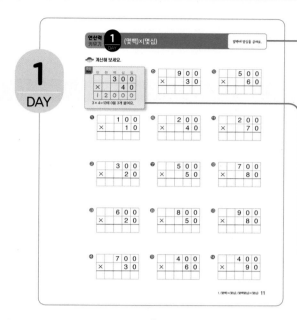

1 DAY

2 DAY

3 DAY

연산력 키우기 5 DAY 학습

● [연산력 키우기] 학습에 앞서 [원리 깨치기]를 반드시 학습하여 계산 원리를 충분히 이해해요.

● 각 DAY 1쪽에 있는 오른쪽 상단의 힌트를 읽으면 문제를 풀 때 도움이 돼요.

● 각 DAY 연산 문제를 풀기 전, 연산 Key 를 먼저 확인하고 계산 원리와 방법을 스스로 이해해요.

4 DAY

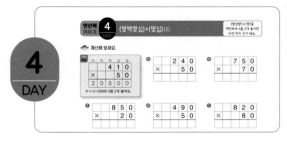

5 DAY

단계 학습 구성

Pre ❶단계

1차시	1, 2, 3, 4, 5 알기
2차시	6, 7, 8, 9, 10 알기
3차시	10까지의 수의 순서
4차시	10까지의 수의 크기 비교
5차시	2~5까지의 수 모으기와 가르기
6차시	5까지의 덧셈
7차시	5까지의 뺄셈
8차시	6~9까지의 수 모으기와 가르기
9차시	10보다 작은 덧셈
10차시	10보다 작은 뺄셈

Pre ❷단계

1차시	십몇 알기
2차시	50까지의 수 알기
3차시	100까지의 수 알기
4차시	100까지의 수의 순서
5차시	100까지의 수의 크기 비교
6차시	10 모으기와 가르기
7차시	100 되는 덧셈
8차시	10에서 빼는 뺄셈
9차시	10보다 큰 덧셈
10차시	10보다 큰 뺄셈

예비 초등

❶단계

1차시	2~6까지의 수 모으기와 가르기
2차시	7~9까지의 수 모으기와 가르기
3차시	합이 9까지인 덧셈 (1)
4차시	합이 9까지인 덧셈 (2)
5차시	차가 8까지인 뺄셈 (1)
6차시	차가 8까지인 뺄셈 (2)
7차시	0을 더하거나 빼기
8차시	덧셈, 뺄셈 규칙으로 계산하기

❷단계

1차시	(몇십)+(몇), (몇십몇)+(몇)
2차시	(몇십)+(몇십), (몇십몇)+(몇십몇)
3차시	(몇십몇)-(몇)
4차시	(몇십)-(몇십), (몇십몇)-(몇십몇)
5차시	세 수의 덧셈과 뺄셈
6차시	이어 세기로 두 수 더하기
7차시	10이 되는 덧셈식, 10에서 빼는 뺄셈식
8차시	10을 만들어 더하기
9차시	10을 이용하여 모으기와 가르기
10차시	(몇)+(몇)=(십몇)
11차시	(십몇)-(몇)=(몇)
12차시	덧셈, 뺄셈 규칙으로 계산하기

초등 1학년

❸단계

1차시	(두 자리 수)+(한 자리 수)
2차시	(두 자리 수)+(두 자리 수)
3차시	여러 가지 방법으로 덧셈하기
4차시	(두 자리 수)-(한 자리 수)
5차시	(두 자리 수)-(두 자리 수)
6차시	여러 가지 방법으로 뺄셈하기
7차시	덧셈과 뺄셈의 관계를 식으로 나타내기
8차시	□의 값 구하기
9차시	세 수의 계산
10차시	여러 가지 방법으로 세기
11차시	곱셈식 알아보기
12차시	곱셈식으로 나타내기

❹단계

1차시	2단, 5단 곱셈구구
2차시	3단, 6단 곱셈구구
3차시	2, 3, 5, 6단 곱셈구구
4차시	4단, 8단 곱셈구구
5차시	7단, 9단 곱셈구구
6차시	4, 7, 8, 9단 곱셈구구
7차시	1단, 0의 곱, 곱셈표
8차시	곱셈구구의 완성

초등 2학년

초등 3학년	❺단계	❻단계
	1차시 세 자리 수의 덧셈(1)	**1차시** (세 자리 수)×(한 자리 수)(1)
	2차시 세 자리 수의 덧셈(2)	**2차시** (세 자리 수)×(한 자리 수)(2)
	3차시 세 자리 수의 뺄셈(1)	**3차시** (두 자리 수)×(두 자리 수)(1), (한 자리 수)×(두 자리 수)
	4차시 세 자리 수의 뺄셈(2)	**4차시** (두 자리 수)×(두 자리 수)(2)
	5차시 (두 자리 수)÷(한 자리 수)(1)	**5차시** (두 자리 수)÷(한 자리 수)(1)
	6차시 (두 자리 수)÷(한 자리 수)(2)	**6차시** (두 자리 수)÷(한 자리 수)(2)
	7차시 (두 자리 수)×(한 자리 수)(1)	**7차시** (세 자리 수)÷(한 자리 수)(1)
	8차시 (두 자리 수)×(한 자리 수)(2)	**8차시** (세 자리 수)÷(한 자리 수)(2)
	9차시 (두 자리 수)×(한 자리 수)(3)	**9차시** 분수
	10차시 (두 자리 수)×(한 자리 수)(4)	**10차시** 여러 가지 분수, 분수의 크기 비교

초등 4학년	❼단계	❽단계
	1차시 (몇백)×(몇십), (몇백몇십)×(몇십)	**1차시** 분수의 덧셈(1)
	2차시 (세 자리 수)×(몇십)	**2차시** 분수의 뺄셈(1)
	3차시 (몇백)×(두 자리 수), (몇백몇십)×(두 자리 수)	**3차시** 분수의 덧셈(2)
	4차시 (세 자리 수)×(두 자리 수)	**4차시** 분수의 뺄셈(2)
	5차시 (두 자리 수)÷(몇십)	**5차시** 분수의 뺄셈(3)
	6차시 (세 자리 수)÷(몇십)	**6차시** 분수의 뺄셈(4)
	7차시 (두 자리 수)÷(두 자리 수)	**7차시** 자릿수가 같은 소수의 덧셈
	8차시 몫이 한 자리 수인 (세 자리 수)÷(두 자리 수)	**8차시** 자릿수가 다른 소수의 덧셈
	9차시 몫이 두 자리 수이고 나누어떨어지는 (세 자리 수)÷(두 자리 수)	**9차시** 자릿수가 같은 소수의 뺄셈
	10차시 몫이 두 자리 수이고 나머지가 있는 (세 자리 수)÷(두 자리 수)	**10차시** 자릿수가 다른 소수의 뺄셈

초등 5학년	❾단계	❿단계
	1차시 덧셈과 뺄셈이 섞여 있는 식/곱셈과 나눗셈이 섞여 있는 식	**1차시** (분수)×(자연수)
	2차시 덧셈 뺄셈 곱셈이 섞여 있는 식/덧셈 뺄셈 나눗셈이 섞여 있는 식	**2차시** (자연수)×(분수)
	3차시 덧셈, 뺄셈, 곱셈, 나눗셈이 섞여 있는 식	**3차시** 진분수의 곱셈
	4차시 약수와 배수(1)	**4차시** 대분수의 곱셈
	5차시 약수와 배수(2)	**5차시** 여러 가지 분수의 곱셈
	6차시 약분과 통분(1)	**6차시** (소수)×(자연수)
	7차시 약분과 통분(2)	**7차시** (자연수)×(소수)
	8차시 진분수의 덧셈	**8차시** (소수)×(소수)(1)
	9차시 대분수의 덧셈	**9차시** (소수)×(소수)(2)
	10차시 분수의 뺄셈	**10차시** 곱의 소수점의 위치

초등 6학년	⓫단계	⓬단계
	1차시 (자연수)÷(자연수)	**1차시** (진분수)÷(진분수)(1)
	2차시 (분수)÷(자연수)	**2차시** (진분수)÷(진분수)(2)
	3차시 (진분수)÷(자연수), (가분수)÷(자연수)	**3차시** (분수)÷(분수)(1)
	4차시 (대분수)÷(자연수)	**4차시** (분수)÷(분수)(2)
	5차시 (소수)÷(자연수)(1)	**5차시** 자릿수가 같은 (소수)÷(소수)
	6차시 (소수)÷(자연수)(2)	**6차시** 자릿수가 다른 (소수)÷(소수)
	7차시 (소수)÷(자연수)(3)	**7차시** (자연수)÷(소수)
	8차시 (소수)÷(자연수)(4)	**8차시** 몫을 반올림하여 나타내기
	9차시 비와 비율(1)	**9차시** 비례식과 비례배분(1)
	10차시 비와 비율(2)	**10차시** 비례식과 비례배분(2)

차례

1차시 ◈ (몇백)×(몇십), (몇백몇십)×(몇십)   9

2차시 ◈ (세 자리 수)×(몇십)   21

3차시 ◈ (몇백)×(두 자리 수), (몇백몇십)×(두 자리 수)   33

4차시 ◈ (세 자리 수)×(두 자리 수)   45

5차시 ◈ (두 자리 수)÷(몇십)   57

6차시 ◈ (세 자리 수)÷(몇십)   69

7차시 ◈ (두 자리 수)÷(두 자리 수)   81

8차시 ◈ 몫이 한 자리 수인 (세 자리 수)÷(두 자리 수)   93

9차시 ◈ 몫이 두 자리 수이고 나누어떨어지는 (세 자리 수)÷(두 자리 수)   105

10차시 ◈ 몫이 두 자리 수이고 나머지가 있는 (세 자리 수)÷(두 자리 수)   117

1

(몇백)×(몇십),
(몇백몇십)×(몇십)

학습목표 ▸ 1. (몇백)×(몇십), (몇십)×(몇백)의 계산 익히기
2. (몇백몇십)×(몇십)의 계산 익히기

원리 깨치기

❶ (몇백)×(몇십), (몇십)×(몇백)
❷ (몇백몇십)×(몇십)

월   일

이해!   한번 더!

500×30, 160×20을 계산하면 얼마가 될까?
지금까지 곱셈구구와 (두 자리 수)×(두 자리 수)를 계산하는 방법을 배웠지?
여기에 0을 개수에 주의하여 붙이면 돼.
자! 그럼, (몇백)×(몇십)과
(몇백몇십)×(몇십)을 공부해 보자.

연산력 키우기

❶ DAY		맞은 개수 전체 문항
월	일	14
걸린시간 분	초	12
❷ DAY		맞은 개수 전체 문항
월	일	14
걸린시간 분	초	12
❸ DAY		맞은 개수 전체 문항
월	일	14
걸린시간 분	초	12
❹ DAY		맞은 개수 전체 문항
월	일	14
걸린시간 분	초	12
❺ DAY		맞은 개수 전체 문항
월	일	17
걸린시간 분	초	18

❶ (몇백) × (몇십), (몇십) × (몇백)

[500 × 30 계산하기]

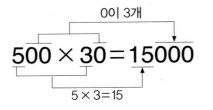

0이 3개

$$500 \times 30 = 15000$$

$5 \times 3 = 15$

$$
\begin{array}{r}
5\,0\,0 \\
\times \quad 3\,0 \\
\hline
1\,5\,0\,0\,0
\end{array}
$$

0이 3개

[50 × 300 계산하기]

0이 3개

$$50 \times 300 = 15000$$

$5 \times 3 = 15$

$$
\begin{array}{r}
5\,0 \\
\times \quad 3\,0\,0 \\
\hline
1\,5\,0\,0\,0
\end{array}
$$

0이 3개

| (몇백) × (몇십) | ➡ | (몇) × (몇)을 계산하여 |
| (몇십) × (몇백) | | 0을 3개 붙입니다. |

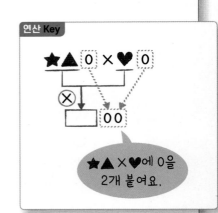

연산 Key

★ 00 × ♥ 0

★×♥에 0을
3개 붙여요.

❷ (몇백몇십) × (몇십)

[160 × 20 계산하기]

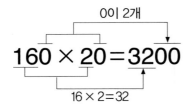

$$16 \times 2 = 32$$
10배
$$160 \times 2 = 320$$
10배
$$160 \times 20 = 3200$$

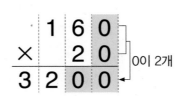

0이 2개

$$160 \times 20 = 3200$$

$16 \times 2 = 32$

$$
\begin{array}{r}
1\,6\,0 \\
\times \quad 2\,0 \\
\hline
3\,2\,0\,0
\end{array}
$$

0이 2개

연산 Key

★▲ 0 × ♥ 0

★▲ × ♥에 0을
2개 붙여요.

| (몇백몇십) × (몇십) | ➡ | (몇십몇) × (몇)을 계산하여 |
| | | 0을 2개 붙입니다. |

🐡 계산해 보세요.

연산 Key

만	천	백	십	일
		3	0	0
	×		4	0
1	2	0	0	0

$3 × 4 = 12$에 0을 3개 붙여요.

❶
		1	0	0
	×		1	0

❷
		3	0	0
	×		2	0

❸
		6	0	0
	×		2	0

❹
		7	0	0
	×		3	0

❺
		9	0	0
	×		3	0

❻
		2	0	0
	×		4	0

❼
		5	0	0
	×		5	0

❽
		8	0	0
	×		5	0

❾
		4	0	0
	×		6	0

❿
		5	0	0
	×		6	0

⓫
		2	0	0
	×		7	0

⓬
		7	0	0
	×		8	0

⓭
		9	0	0
	×		8	0

⓮
		4	0	0
	×		9	0

1 DAY **(몇백)×(몇십)**

🐡 계산해 보세요.

❶ 700 × 10

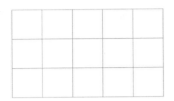

❺ 900 × 40

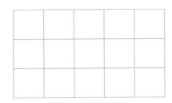

❾ 400 × 70

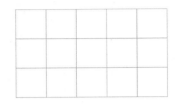

❷ 500 × 20

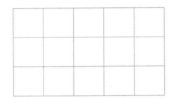

❻ 700 × 50

❿ 700 × 70

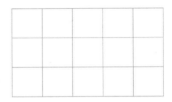

❸ 800 × 30

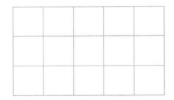

❼ 300 × 60

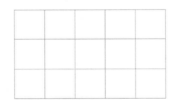

⓫ 500 × 80

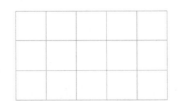

❹ 500 × 40

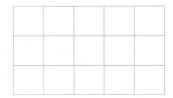

❽ 600 × 60

⓬ 900 × 90

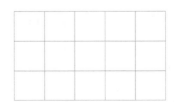

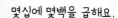

몇십에 몇백을 곱해요.

 계산해 보세요.

연산 Key

만	천	백	십	일
			2	0
	×	6	0	0
1	2	0	0	0

$2 \times 6 = 12$에 0을 3개 붙여요.

①

			2	0
	×	1	0	0

②

			3	0
	×	2	0	0

③

			6	0
	×	3	0	0

④

			9	0
	×	3	0	0

⑤

			4	0
	×	4	0	0

⑥

			5	0
	×	4	0	0

⑦

			3	0
	×	5	0	0

⑧

			6	0
	×	5	0	0

⑨

			7	0
	×	6	0	0

⑩

			2	0
	×	7	0	0

⑪

			8	0
	×	7	0	0

⑫

			4	0
	×	8	0	0

⑬

			2	0
	×	9	0	0

⑭

			8	0
	×	9	0	0

2 DAY (몇십)×(몇백)

🐡 계산해 보세요.

❶ 50 × 100
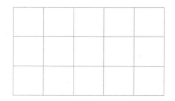

❺ 50 × 500
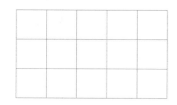

❾ 40 × 700
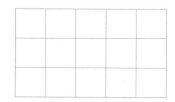

❷ 20 × 200

❻ 90 × 500
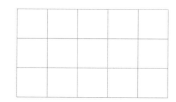

❿ 50 × 800
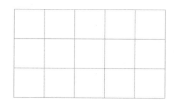

❸ 70 × 300
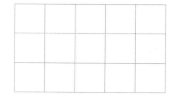

❼ 30 × 600

⓫ 60 × 800
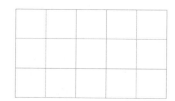

❹ 60 × 400
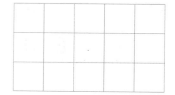

❽ 80 × 600

⓬ 70 × 900
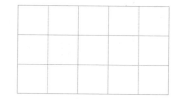

연산력 키우기 **3 DAY** (몇백몇십)×(몇십)(1)

(몇십몇)×(몇)을 계산하여 0을 2개 붙이면 네 자리 수가 돼요.

🐡 계산해 보세요.

연산 Key

천	백	십	일
	2	3	0
×		3	0
6	9	0	0

23 × 3=69에 0을 2개 붙여요.

❶
	5	4	0
×		1	0

❷
	7	8	0
×		1	0

❸
	1	4	0
×		2	0

❹
	4	6	0
×		2	0

❺
	1	5	0
×		3	0

❻
	2	8	0
×		3	0

❼
	1	3	0
×		4	0

❽
	2	3	0
×		4	0

❾
	1	7	0
×		5	0

❿
	1	9	0
×		5	0

⓫
	1	4	0
×		6	0

⓬
	1	6	0
×		6	0

⓭
	1	1	0
×		7	0

⓮
	1	2	0
×		8	0

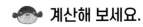 계산해 보세요.

❶ 480 × 10

❷ 260 × 20

❸ 390 × 20

❹ 490 × 20

❺ 170 × 30

❻ 250 × 30

❼ 120 × 40

❽ 240 × 40

❾ 180 × 50

❿ 120 × 60

⓫ 140 × 70

⓬ 110 × 90

(몇백몇십)×(몇십) (2)

(몇십몇)×(몇)을
계산하여 0을 2개 붙이면
다섯 자리 수가 돼요.

🐡 계산해 보세요.

41 × 5 = 205에 0을 2개 붙여요.

⑤
```
      2 4 0
  ×     5 0
```

⑩
```
      7 5 0
  ×     7 0
```

❶
```
      8 5 0
  ×     2 0
```

⑥
```
      4 9 0
  ×     5 0
```

⑪
```
      8 2 0
  ×     8 0
```

❷
```
      7 3 0
  ×     3 0
```

⑦
```
      1 7 0
  ×     6 0
```

⑫
```
      9 5 0
  ×     8 0
```

❸
```
      3 5 0
  ×     4 0
```

⑧
```
      6 3 0
  ×     6 0
```

⑬
```
      6 5 0
  ×     9 0
```

❹
```
      5 6 0
  ×     4 0
```

⑨
```
      3 5 0
  ×     7 0
```

⑭
```
      7 7 0
  ×     9 0
```

계산해 보세요.

❶ 630 × 20

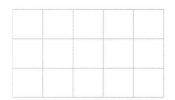

❺ 620 × 50

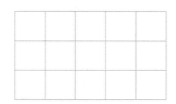

❾ 690 × 70

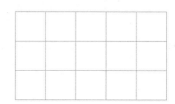

❷ 760 × 20

❻ 880 × 50

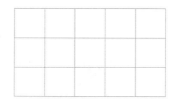

❿ 620 × 80

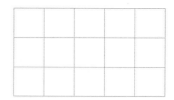

❸ 580 × 30

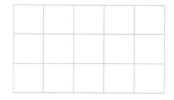

❼ 750 × 60

⓫ 910 × 80

❹ 850 × 40

❽ 530 × 70

⓬ 730 × 90

연산력
키우기
5
DAY
(몇백)×(몇십), (몇백몇십)×(몇십)

0의 개수에 주의하여
두 수를 곱해요.

🐡 두 수의 곱을 구해 보세요.

연산
Key

| 700 | 30 |

➡ $700 \times 30 = 21000$

700과 30을 곱해요.

❻ 800   80   ⑫ 360   50

❶ 900   20   ❼ 90   700   ⑬ 140   60

❷ 300   50   ❽ 600   90   ⑭ 720   60

❸ 20   400   ❾ 880   20   ⑮ 460   70

❹ 600   50   ❿ 570   30   ⑯ 190   80

❺ 900   60   ⑪ 250   40   ⑰ 270   90

5

(몇백)×(몇십), (몇백몇십)×(몇십)

🐡 두 수의 곱을 구해 보세요.

❶ 80 100   ❼ 800 70   ⑬ 360 50

❷ 200 30   ❽ 30 800   ⑭ 60 720

❸ 300 80   ❾ 660 20   ⑮ 70 240

❹ 20 500   ⑩ 170 30   ⑯ 490 70

❺ 400 10   ⑪ 30 530   ⑰ 270 90

❻ 90 200   ⑫ 40 930   ⑱ 90 850

20 만점왕 연산 ❼단계

2

★▲●✕♥♡

(세 자리 수)×(몇십)

학습목표 1. 올림이 없는 (세 자리 수)×(몇십)의 계산 익히기
2. 올림이 있는 (세 자리 수)×(몇십)의 계산 익히기

원리 깨치기

❶ 올림이 없는 (세 자리 수)×(몇십)
❷ 올림이 있는 (세 자리 수)×(몇십)

월	일

 이해! 한번 더!

143×20, 258×30을 계산하면 얼마가 될까?
우리는 3학년에서 (세 자리 수)×(한 자리 수)를 공부했어. 또 몇십이 몇의 10배라는 것을 알고 있지?
이것을 이용해서 계산하면 돼.
자! 그럼, (세 자리 수)×(몇십)을 공부해 보자.

연산력 키우기

❶ DAY		맞은 개수	
			전체 문항
월	일		14
걸린시간 분	초		12
❷ DAY		맞은 개수	
			전체 문항
월	일		14
걸린시간 분	초		12
❸ DAY		맞은 개수	
			전체 문항
월	일		14
걸린시간 분	초		12
❹ DAY		맞은 개수	
			전체 문항
월	일		14
걸린시간 분	초		12
❺ DAY		맞은 개수	
			전체 문항
월	일		17
걸린시간 분	초		18

❶ 올림이 없는 (세 자리 수) × (몇십)

[143 × 20 계산하기]

$$143 \times 2 = 286$$
$$143 \times 20 = 2860$$

10배

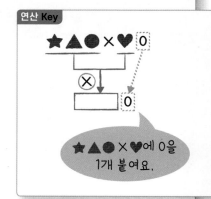

0이 1개

$$143 \times 20 = 2860$$

143 × 2 = 286

$$\begin{array}{r} 1\,4\,3 \\ \times \quad 2\,0 \\ \hline 2\,8\,6\,0 \end{array}$$

0이 1개

❷ 올림이 있는 (세 자리 수) × (몇십)

[258 × 30 계산하기]

$$258 \times 3 = 774$$
$$258 \times 30 = 7740$$

10배

0이 1개

$$258 \times 30 = 7740$$

258 × 3 = 774

$$\begin{array}{r} {}^{1}\;{}^{2}\quad \\ 2\,5\,8 \\ \times \quad 3\,0 \\ \hline 7\,7\,4\,0 \end{array}$$

0이 1개

(세 자리 수) × (몇십)	➡	(세 자리 수) × (몇)을 계산하여 0을 1개 붙입니다.

---

136 × 50과 같이 136 × 5 = 680의 일의 자리가 0이 되어 계산 결과에서 0의 개수가 2개인 경우도 있음에 주의합니다.

$$136 \times 50 = 6800$$

136 × 5 = 680

🐡 계산해 보세요.

연산 Key

천	백	십	일
	4	1	5
×		2	0
8	3	0	0

415 × 2=830에 0을 1개 붙여요.

❶

	1	3	3
×		2	0

❷

	3	4	2
×		2	0

❸

	2	0	1
×		3	0

❹

	3	3	2
×		3	0

❺

	1	2	2
×		4	0

❻

	3	1	9
×		2	0

❼

	4	3	8
×		2	0

❽

	2	2	5
×		3	0

❾

	2	1	6
×		4	0

❿

	1	0	9
×		5	0

⓫

	1	1	6
×		6	0

⓬

	1	0	5
×		7	0

⓭

	1	1	2
×		8	0

⓮

	1	0	8
×		9	0

계산해 보세요.

❶ 234 × 20

❺ 125 × 20

❾ 123 × 40

❷ 412 × 20

❻ 437 × 20

❿ 115 × 50

❸ 231 × 30

❼ 219 × 30

⓫ 109 × 60

❹ 212 × 40

❽ 326 × 30

⓬ 103 × 80

계산해 보세요.

연산 Key

만	천	백	십	일
		7	3	2
×			2	0
1	4	6	4	0

732 × 2＝1464에 0을 1개 붙여요.

❺
		1	5	1
×			3	0

❿
		1	8	1
×			5	0

❶
		1	8	3
×			2	0

❻
		6	0	2
×			3	0

⓫
		7	0	1
×			6	0

❷
		5	3	1
×			2	0

❼
		9	2	1
×			3	0

⓬
		1	3	1
×			7	0

❸
		9	0	4
×			2	0

❽
		1	7	2
×			4	0

⓭
		3	1	1
×			8	0

❹
		2	7	3
×			3	0

❾
		4	1	1
×			4	0

⓮
		5	0	1
×			9	0

🐡 계산해 보세요.

❶ 384 × 20

❺ 153 × 30

❾ 131 × 50

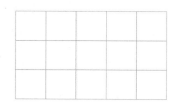

❷ 463 × 20

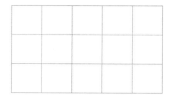

❻ 632 × 30

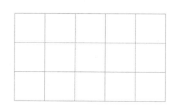

❿ 511 × 60

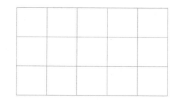

❸ 742 × 20

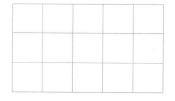

❼ 181 × 40

⓫ 121 × 70

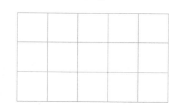

❹ 271 × 30

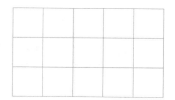

❽ 712 × 40

⓬ 811 × 90

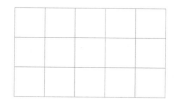

🐡 계산해 보세요.

연산 Key

만	천	백	십	일
		3	1	8
×			4	0
1	2	7	2	0

318 × 4=1272에 0을 1개 붙여요.

❶
		1	5	7
×			2	0

❷
		5	9	2
×			2	0

❸
		2	6	8
×			3	0

❹
		4	1	9
×			3	0

❺
		2	3	5
×			4	0

❻
		7	6	1
×			4	0

❼
		1	8	6
×			5	0

❽
		3	0	4
×			5	0

❾
		1	4	9
×			6	0

❿
		6	3	1
×			6	0

⓫
		2	1	4
×			7	0

⓬
		5	0	7
×			8	0

⓭
		1	6	1
×			8	0

⓮
		3	0	5
×			9	0

계산해 보세요.

❶ 258 × 20

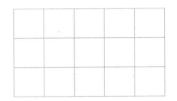

❺ 249 × 40

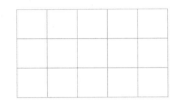

❾ 508 × 70

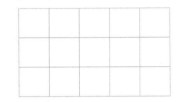

❷ 671 × 20

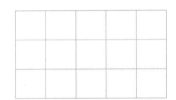

❻ 371 × 50

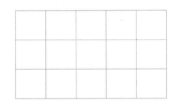

❿ 831 × 70

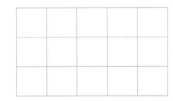

❸ 195 × 30

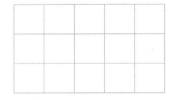

❼ 712 × 50

⓫ 114 × 80

❹ 342 × 30

❽ 162 × 60

⓬ 431 × 90

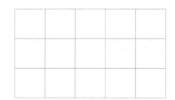

 계산해 보세요.

만	천	백	십	일
		5	7	6
×			4	0
2	3	0	4	0

576 × 4=2304에 0을 1개 붙여요.

❶
		9	8	5
×			2	0

❷
		4	7	9
×			3	0

❸
		6	3	8
×			3	0

❹
		2	9	5
×			4	0

❺
		4	3	6
×			5	0

❻
		5	7	7
×			5	0

❼
		1	9	2
×			6	0

❽
		7	2	3
×			6	0

❾
		1	8	5
×			7	0

❿
		4	3	4
×			7	0

⓫
		1	6	5
×			8	0

⓬
		3	3	8
×			8	0

⓭
		1	2	3
×			9	0

⓮
		5	1	4
×			9	0

4 DAY (세 자리 수)×(몇십)(4)

🐡 계산해 보세요.

① 765 × 20

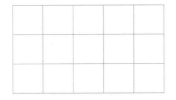

② 439 × 30

③ 285 × 40

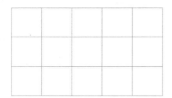

④ 647 × 40

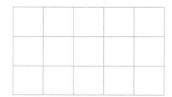

⑤ 262 × 50

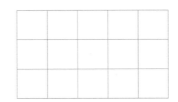

⑥ 198 × 60

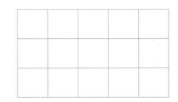

⑦ 417 × 60

⑧ 152 × 70

⑨ 365 × 70

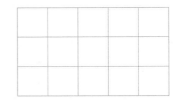

⑩ 143 × 80

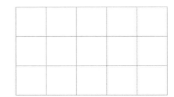

⑪ 279 × 90

⑫ 418 × 90

🐡 두 수의 곱을 구해 보세요.

연산 Key

| 245 | 60 |

➡ $245 \times 60 = 14700$

245와 60을 곱해요.

❶ 144 20

❷ 749 20

❸ 218 30

❹ 525 30

❺ 424 40

❻ 655 40

❼ 134 50

❽ 417 50

❾ 626 50

❿ 115 60

⓫ 284 60

⓬ 139 70

⓭ 561 70

⓮ 212 80

⓯ 407 80

⓰ 356 90

⓱ 682 90

(세 자리 수)×(몇십)

두 수의 곱을 구해 보세요.

❶ 20   135

❷ 688   20

❸ 30   313

❹ 742   30

❺ 125   40

❻ 40   507

❼ 40   642

❽ 215   50

❾ 932   50

❿ 60   154

⓫ 835   60

⓬ 124   70

⓭ 409   70

⓮ 70   618

⓯ 312   80

⓰ 595   80

⓱ 90   141

⓲ 439   90

3

(몇백)×(두 자리 수),
(몇백몇십)×(두 자리 수)

학습목표
1. (몇백)×(두 자리 수)의 계산 익히기
2. (몇백몇십)×(두 자리 수)의 계산 익히기

원리 깨치기

❶ (몇백)×(두 자리 수)
❷ (몇백몇십)×(두 자리 수)

월	일
이해!	한번 더!

300×14, 520×27을 계산하면 얼마가 될까?
이번에는 곱하는 수가 몇십이 아니라 몇십몇이야.
그래서 한번에 계산할 수 없고 자리를 맞추어 곱셈을 두 번 하여 더해야 해.
자! 그럼, (몇백)×(두 자리 수)와 (몇백몇십)×(두 자리 수)를 공부해 보자.

연산력 키우기

❶ DAY		맞은 개수
		전체 문항
월	일	11
걸린시간 분	초	9

❷ DAY		맞은 개수
		전체 문항
월	일	11
걸린시간 분	초	9

❸ DAY		맞은 개수
		전체 문항
월	일	11
걸린시간 분	초	9

❹ DAY		맞은 개수
		전체 문항
월	일	11
걸린시간 분	초	9

❺ DAY		맞은 개수
		전체 문항
월	일	17
걸린시간 분	초	18

❶ (몇백) × (두 자리 수)

[300 × 14 계산하기]

14＝10＋4이므로 300 × 14는 300 × 4와 300 × 10의 합입니다.

```
    3 0 0
  ×   1 4
  1 2 0 0   ← 300 × 4=1200
```

➡

```
    3 0 0
  ×   1 4
  1 2 0 0
  3 0 0     ← 300 × 10=3000
```

일의 자리 0을 생략
할 수 있습니다.

➡

```
      3 0 0
    ×   1 4
    1 2 0 0
    3 0 0
    4 2 0 0   ← 1200+3000=4200
```

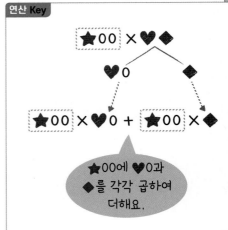

연산 Key

★00 × ♥◆

♥0   ◆

★00 × ♥0 ＋ ★00 × ◆

★00에 ♥0과
◆를 각각 곱하여
더해요.

❷ (몇백몇십) × (두 자리 수)

[520 × 27 계산하기]

27＝20＋7이므로 520 × 27은 520 × 7과 520 × 20의 합입니다.

```
    5 2 0
  ×   2 7
  3 6 4 0   ← 520 × 7=3640
```

➡

```
      5 2 0
    ×   2 7
    3 6 4 0
  1 0 4 0     ← 520 × 20=10400
```

일의 자리 0을 생략
할 수 있습니다.

➡

```
        5 2 0
      ×   2 7
      3 6 4 0
    1 0 4 0
    1 4 0 4 0   ← 3640+10400=14040
```

계산해 보세요.

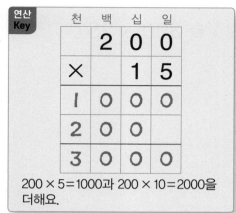

④

	5	0	0
×		1	7

⑧

	1	0	0
×		2	6

❶

	6	0	0
×		1	1

⑤

	2	0	0
×		1	9

⑨

	2	0	0
×		2	8

❷

	2	0	0
×		1	3

⑥

	4	0	0
×		2	2

⑩

	3	0	0
×		3	3

❸

	1	0	0
×		1	4

⑦

	3	0	0
×		2	4

⑪

	2	0	0
×		4	1

DAY (몇백)×(두 자리 수)(1)

🐡 계산해 보세요.

❶ 700 × 14

❹ 200 × 18
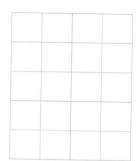

❼ 300 × 25
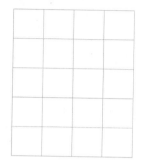

❷ 500 × 15

❺ 300 × 21

❽ 200 × 29
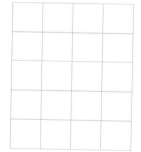

❸ 600 × 16

❻ 400 × 23

❾ 200 × 36

연산력 키우기 2 DAY (몇백)×(두 자리 수)⑵

만의 자리로 올림이 있으므로 곱은 □□□00이에요.

🐡 계산해 보세요.

연산 Key

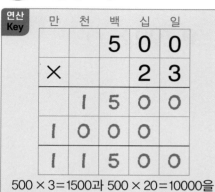

만	천	백	십	일
		5	0	0
×			2	3
	1	5	0	0
1	0	0	0	
1	1	5	0	0

500×3=1500과 500×20=10000을 더해요.

❶

		9	0	0
×			1	2

❷

		7	0	0
×			1	6

❸

		9	0	0
×			2	9

❹

		8	0	0
×			3	5

❺

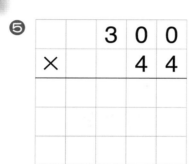

		3	0	0
×			4	4

❻

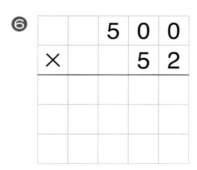

		5	0	0
×			5	2

❼

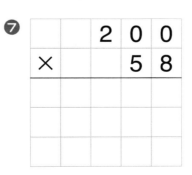

		2	0	0
×			5	8

❽

		6	0	0
×			6	1

❾

		4	0	0
×			7	5

❿

		9	0	0
×			8	2

⓫

		7	0	0
×			9	4

계산해 보세요.

❶ 600 × 17

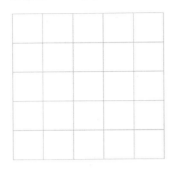

❹ 500 × 42

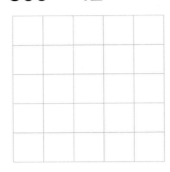

❼ 700 × 77

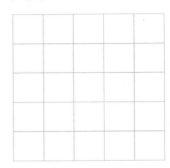

❷ 800 × 25

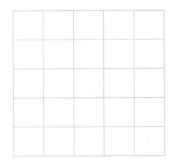

❺ 200 × 58

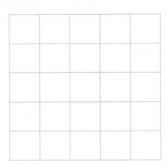

❽ 600 × 82

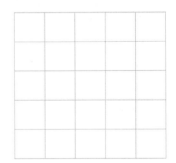

❸ 400 × 36

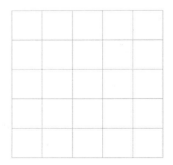

❻ 300 × 63

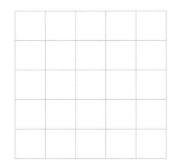

❾ 900 × 91

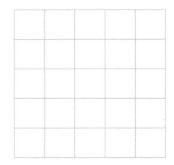

🐡 계산해 보세요.

연산 Key

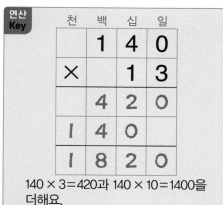

	천	백	십	일
		1	4	0
×			1	3
		4	2	0
	1	4	0	
	1	8	2	0

140 × 3＝420과 140 × 10＝1400을 더해요.

④
	4	6	0
×		1	6

⑧
	1	5	0
×		2	1

❶
	1	3	0
×		1	2

⑤
	5	1	0
×		1	7

⑨
	3	1	0
×		2	4

❷
	2	8	0
×		1	4

⑥
	4	3	0
×		1	8

⑩
	2	8	0
×		2	8

❸
	3	5	0
×		1	5

⑦
	3	7	0
×		1	9

⑪
	2	9	0
×		3	4

계산해 보세요.

❶ 740 × 11

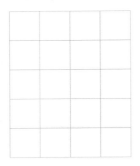

❹ 240 × 22

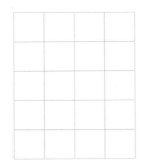

❼ 120 × 36

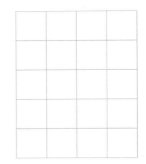

❷ 260 × 14

❺ 390 × 23

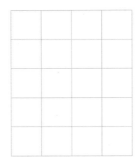

❽ 210 × 47

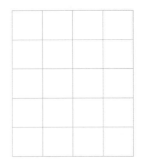

❸ 430 × 19

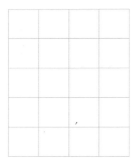

❻ 180 × 32

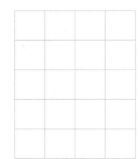

❾ 160 × 53

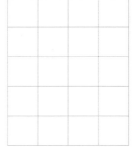

🐡 계산해 보세요.

연산 Key

	만	천	백	십	일
			3	7	0
×				3	1
			3	7	0
	1	1	1	0	
	1	1	4	7	0

370 × 1=370과 370 × 30=11100을 더해요.

❶

		8	1	0
×			1	5

❷

		4	5	0
×			2	4

❸

		6	3	0
×			4	7

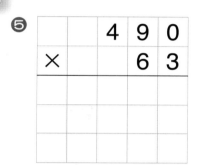

❹

		7	8	0
×			5	2

❺

		4	9	0
×			6	3

❻

		3	2	0
×			7	5

❼

		9	4	0
×			7	9

❽

		4	6	0
×			8	1

❾

		7	3	0
×			8	6

❿

		2	5	0
×			9	4

⓫

		6	2	0
×			9	9

계산해 보세요.

❶ 620 × 18

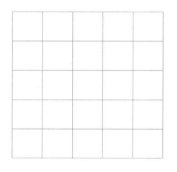

❹ 480 × 39

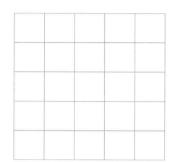

❼ 830 × 68

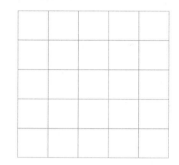

❷ 550 × 26

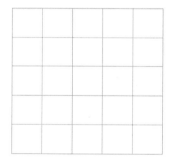

❺ 410 × 45

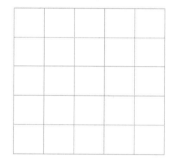

❽ 450 × 74

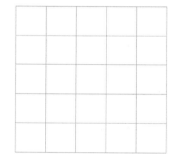

❸ 360 × 32

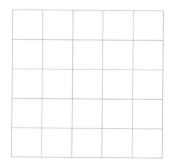

❻ 350 × 53

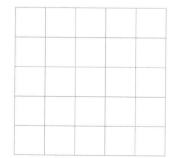

❾ 270 × 97

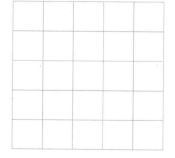

🐡 두 수의 곱을 구해 보세요.

연산 Key

260	46

➡ $260 \times 46 = 11960$

260과 46을 곱해요.

❶ | 300 | 12 |

❷ | 400 | 15 |

❸ | 900 | 17 |

❹ | 500 | 28 |

❺ | 700 | 29 |

❻ | 600 | 41 |

❼ | 300 | 55 |

❽ | 500 | 81 |

❾ | 130 | 12 |

❿ | 360 | 22 |

⓫ | 630 | 26 |

⓬ | 880 | 32 |

⓭ | 270 | 48 |

⓮ | 360 | 63 |

⓯ | 160 | 79 |

⓰ | 720 | 84 |

⓱ | 450 | 93 |

(몇백)×(두 자리 수), (몇백몇십)×(두 자리 수)

🐡 두 수의 곱을 구해 보세요.

❶ 500   19   ❼ 74   900   ⑬ 140   37

❷ 25   200   ❽ 400   88   ⑭ 44   250

❸ 400   26   ❾ 91   600   ⑮ 56   820

❹ 300   35   ❿ 240   13   ⑯ 510   72

❺ 49   700   ⑪ 18   810   ⑰ 380   83

❻ 200   68   ⑫ 150   23   ⑱ 95   650

4

(세 자리 수)×(두 자리 수)

학습목표 1. 곱이 네 자리 수인 (세 자리 수)×(두 자리 수)의 계산 익히기
2. 곱이 다섯 자리 수인 (세 자리 수)×(두 자리 수)의 계산 익히기

원리 깨치기

❶ 곱이 네 자리 수인
   (세 자리 수)×(두 자리 수)
❷ 곱이 다섯 자리 수인
   (세 자리 수)×(두 자리 수)

월	일

 이해! 한번 더!

132×21, 627×35를 계산하면 얼마가 될까?
곱해지는 수는 세 자리 수이고, 곱하는 수는 두 자리 수이기 때문에 계산이 복잡해 보이지만 긴장하지 마.
앞에서 배운 (몇백몇십)×(두 자리 수)와 계산하는 방법은 같으니까.
자! 그럼, (세 자리 수)×(두 자리 수)를 공부해 보자.

연산력 키우기

❶ DAY	맞은 개수	전체 문항
월 일		11
걸린시간 분 초		9
❷ DAY	맞은 개수	전체 문항
월 일		11
걸린시간 분 초		9
❸ DAY	맞은 개수	전체 문항
월 일		11
걸린시간 분 초		9
❹ DAY	맞은 개수	전체 문항
월 일		11
걸린시간 분 초		9
❺ DAY	맞은 개수	전체 문항
월 일		17
걸린시간 분 초		18

❶ 곱이 네 자리 수인 (세 자리 수) × (두 자리 수)

[132 × 21 계산하기]

21＝20＋1이므로 132 × 21은 132 × 1과 132 × 20의 합입니다.

$$
\begin{array}{r}
1\ 3\ 2 \\
\times \quad 2\ 1 \\
\hline
1\ 3\ 2
\end{array}
$$
←132 × 1=132

➡

$$
\begin{array}{r}
1\ 3\ 2 \\
\times \quad 2\ 1 \\
\hline
1\ 3\ 2 \\
2\ 6\ 4
\end{array}
$$
←132 × 20=2640

일의 자리 0을 생략
할 수 있습니다.

➡
$$
\begin{array}{r}
1\ 3\ 2 \\
\times \quad 2\ 1 \\
\hline
1\ 3\ 2 \\
2\ 6\ 4 \\
\hline
2\ 7\ 7\ 2
\end{array}
$$
←132＋2640=2772

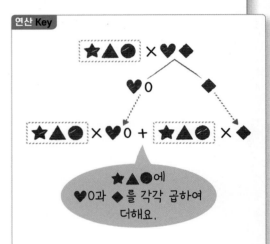

연산 Key

★▲● × ♥◆

♥0   ◆

★▲● × ♥0 ＋ ★▲● × ◆

★▲●에
♥0과 ◆를 각각 곱하여
더해요.

❷ 곱이 다섯 자리 수인 (세 자리 수) × (두 자리 수)

[627 × 35 계산하기]

35＝30＋5이므로 627 × 35는 627 × 5와 627 × 30의 합입니다.

$$
\begin{array}{r}
6\ 2\ 7 \\
\times \quad 3\ 5 \\
\hline
3\ 1\ 3\ 5
\end{array}
$$
←627 × 5=3135

➡

$$
\begin{array}{r}
6\ 2\ 7 \\
\times \quad 3\ 5 \\
\hline
3\ 1\ 3\ 5 \\
1\ 8\ 8\ 1
\end{array}
$$
←627 × 30=18810

일의 자리 0을 생략
할 수 있습니다.

➡
$$
\begin{array}{r}
6\ 2\ 7 \\
\times \quad 3\ 5 \\
\hline
3\ 1\ 3\ 5 \\
1\ 8\ 8\ 1 \\
\hline
2\ 1\ 9\ 4\ 5
\end{array}
$$
←3135＋18810=21945

1 DAY (세 자리 수)×(두 자리 수)⑴

★▲●× ♥ ◆ 에서
★▲●× ◆는 세 자리 수,
★▲●× ♥ 0은 네 자리 수예요.

🐡 계산해 보세요.

연산
Key

천	백	십	일
	1	2	4
×		1	7
	8	6	8
1	2	4	
2	1	0	8

124 × 7 = 868과 124 × 10 = 1240을 더해요.

❹
	2	6	2
×		2	2

❽
	1	1	2
×		3	6

❶
	3	4	6
×		1	1

❺
	2	0	7
×		2	4

❾
	2	3	5
×		4	1

❷
	1	0	8
×		1	5

❻
	1	2	4
×		2	7

❿
	1	3	8
×		5	7

❸
	1	1	9
×		1	8

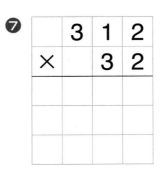
❼
	3	1	2
×		3	2

⓫
	1	3	2
×		7	5

(세 자리 수)×(두 자리 수)(1)

🐡 계산해 보세요.

❶ 101 × 12

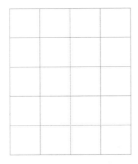

❹ 123 × 25

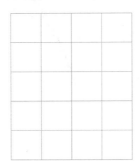

❼ 124 × 46

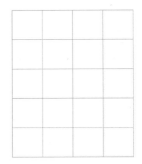

❷ 247 × 14

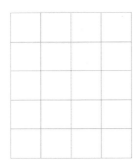

❺ 106 × 29

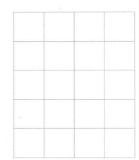

❽ 118 × 51

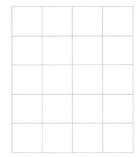

❸ 472 × 21

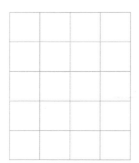

❻ 163 × 35

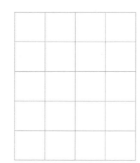

❾ 145 × 64

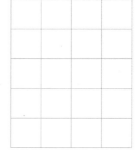

★▲●×♦♦에서
★▲●×♦, ★▲●×♥0은
모두 네 자리 수예요.

🐡 계산해 보세요.

연산 Key

만	천	백	십	일
		3	2	1
×			2	5
	1	6	0	5
	6	4	2	
	8	0	2	5

321×5=1605와 321×20=6420을 더해요.

❹
		3	5	6
×			2	3

❽
		2	2	6
×			4	5

❶
		7	4	5
×			1	2

❺
		1	7	2
×			2	8

❾
		1	7	2
×			5	8

❷
		5	7	2
×			1	4

❻
		2	5	4
×			3	6

❿
		1	4	9
×			6	7

❸
		4	0	6
×			1	7

❼
		3	0	5
×			3	9

⓫
		1	1	5
×			8	9

🐡 계산해 보세요.

❶ 626 × 15

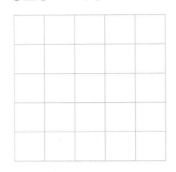

❹ 214 × 26

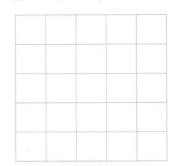

❼ 225 × 46

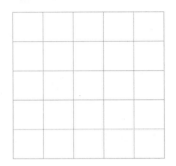

❷ 305 × 18

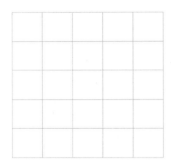

❺ 352 × 29

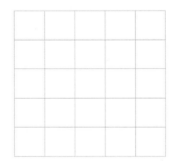

❽ 173 × 59

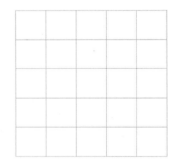

❸ 491 × 24

❻ 277 × 37

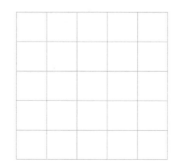

❾ 135 × 78

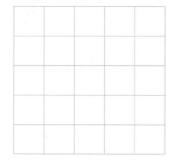

★▲●×♥◆에서
★▲●×◆는 세 자리 수,
★▲●×♥0은 다섯 자리 수예요.

 계산해 보세요.

연산 Key

만	천	백	십	일
		4	3	2
×			3	1
		4	3	2
1	2	9	6	
1	3	3	9	2

432×1=432와 432×30=12960을
더해요.

❹
		2	2	3
×			5	2

❽
		2	4	5
×			8	4

❶
		5	1	6
×			2	1

❺
		4	7	8
×			6	1

❾
		1	9	3
×			8	5

❷
		3	8	5
×			3	2

❻
		3	0	9
×			7	2

❿
		3	2	8
×			9	3

❸
		2	6	1
×			4	3

❼
		2	1	4
×			7	4

⓫
		1	2	4
×			9	6

계산해 보세요.

❶ 403 × 41

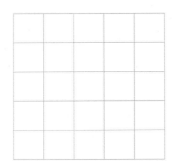

❹ 412 × 72

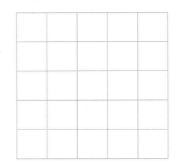

❼ 127 × 85

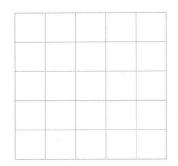

❷ 672 × 51

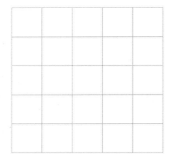

❺ 292 × 73

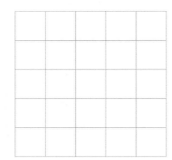

❽ 389 × 92

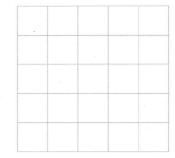

❸ 385 × 62

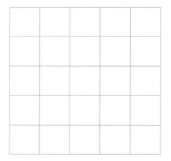

❻ 136 × 84

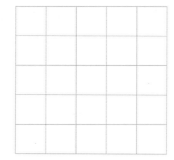

❾ 225 × 94

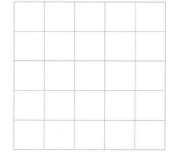

★▲●×♥ ♦에서
★▲●×♦는 네 자리 수,
★▲●×♥0은 다섯 자리 수예요.

🐡 계산해 보세요.

연산 Key

만	천	백	십	일
		5	4	2
×			3	8
	4	3	3	6
1	6	2	6	
2	0	5	9	6

542×8=4336과 542×30=16260을 더해요.

❹

		4	4	5
×			5	3

❽

		8	3	3
×			7	8

❶

		6	0	4
×			2	6

❺

		5	1	8
×			6	2

❾

		6	7	4
×			8	5

❷

		3	5	5
×			3	5

❻

		2	5	2
×			6	6

❿

		9	0	5
×			8	9

❸

		7	2	1
×			4	4

❼

		3	1	6
×			7	4

⓫

		5	6	7
×			9	7

🐡 계산해 보세요.

❶ 523 × 25

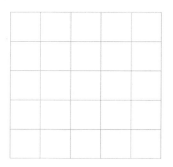

❹ 235 × 56

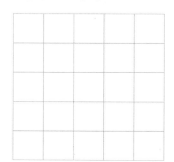

❼ 126 × 88

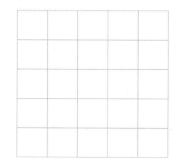

❷ 414 × 38

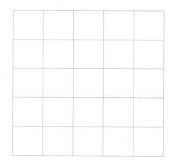

❺ 971 × 67

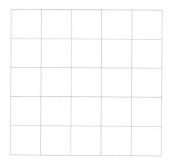

❽ 653 × 92

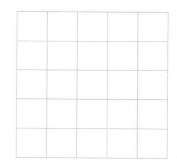

❸ 389 × 49

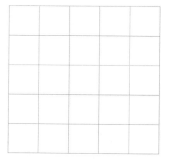

❻ 756 × 75

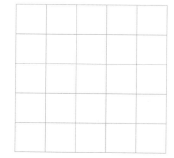

❾ 864 × 96

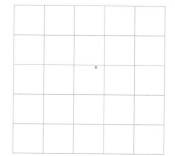

🐡 두 수의 곱을 구해 보세요.

연산 Key

275	16

➡ 275 × 16 = 4400

275와 16을 곱해요.

❻ 386 31

⑫ 347 74

❶ 416 12

❼ 179 34

⑬ 154 78

❷ 114 15

❽ 603 48

⑭ 521 82

❸ 632 18

❾ 745 56

⑮ 275 86

❹ 821 22

❿ 238 59

⑯ 389 91

❺ 562 27

⑪ 609 63

⑰ 726 95

🐡 두 수의 곱을 구해 보세요.

❶ 13   504

❷ 621   14

❸ 832   19

❹ 313   24

❺ 25   241

❻ 505   27

❼ 772   33

❽ 38   436

❾ 129   42

❿ 47   754

⓫ 338   56

⓬ 59   912

⓭ 376   61

⓮ 554   64

⓯ 76   298

⓰ 725   82

⓱ 365   96

⓲ 99   583

5

(두 자리 수)÷(몇십)

학습목표 1. 나누어떨어지는 (두 자리 수)÷(몇십)의 계산 익히기
2. 나머지가 있는 (두 자리 수)÷(몇십)의 계산 익히기

원리 깨치기

❶ 나누어떨어지는 (두 자리 수)÷(몇십)
❷ 나머지가 있는 (두 자리 수)÷(몇십)

월   일

이해!

한번 더!

60÷30, 85÷20을 계산하면 얼마가 될까?
우리는 이미 3학년에서 나누는 수가 한 자리 수인 나눗셈을 공부했어.
이와 같은 방법으로 곱셈을 이용하여 나눗셈을 하면 돼.
자! 그럼, (두 자리 수)÷(몇십)을 공부해 보자.

연산력 키우기

❶ DAY		맞은 개수 / 전체 문항
월	일	14
걸린시간 분	초	12
❷ DAY		맞은 개수 / 전체 문항
월	일	14
걸린시간 분	초	12
❸ DAY		맞은 개수 / 전체 문항
월	일	14
걸린시간 분	초	12
❹ DAY		맞은 개수 / 전체 문항
월	일	14
걸린시간 분	초	12
❺ DAY		맞은 개수 / 전체 문항
월	일	17
걸린시간 분	초	18

① **나누어떨어지는 (두 자리 수) ÷ (몇십)**

[60 ÷ 30 계산하기]

$$60 \div 30 = 2$$
6 ÷ 3 = 2

➡ 60 ÷ 30의 몫은 6 ÷ 3의 몫과 같습니다.

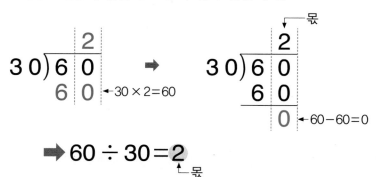

몫

```
     2                  2
30)6 0    ➡    30)6 0
   6 0 ←30×2=60      6 0
                      0 ←60-60=0
```

➡ 60 ÷ 30 = **2**
　　　　　　　└몫

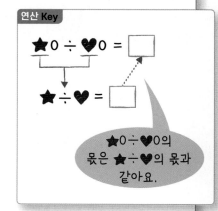

★0 ÷ ♥0 = ☐

★ ÷ ♥ = ☐

★0÷♥0의 몫은 ★÷♥의 몫과 같아요.

② **나머지가 있는 (두 자리 수) ÷ (몇십)**

[85 ÷ 20 계산하기]

몫

```
     4                  4
20)8 5    ➡    20)8 5
   8 0 ←20×4=80      8 0
                      5 ←85-80=5
                        └나머지
```

➡ 85 ÷ 20 = **4** … **5**
　　　　　　 몫↑　　└나머지

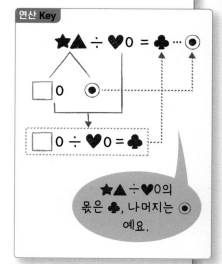

★▲ ÷ ♥0 = ♣ … ◉

☐0　◉

☐0 ÷ ♥0 = ♣

★▲÷♥0의 몫은 ♣, 나머지는 ◉예요.

| (두 자리 수) ÷ (몇십) | ➡ | 몇십이 두 자리 수에 ♣번까지 들어가고 ◉가 남으면 | ➡ | 몫: ♣ 나머지: ◉ |

나눗셈에서 나머지가 0인 경우를 '나누어떨어진다'고 합니다.

🐟 계산해 보세요.

연산 Key

$$20\,)\overline{6\,0}$$
$$6\;0$$
$$0$$
몫: 3

20 × 3＝60이므로 몫은 3이에요.

⑤
$$20\,)\overline{2\,0}$$

⑩
$$40\,)\overline{4\,0}$$

❶
$$10\,)\overline{3\,0}$$

⑥
$$20\,)\overline{8\,0}$$

⑪
$$40\,)\overline{8\,0}$$

❷
$$10\,)\overline{5\,0}$$

⑦
$$30\,)\overline{3\,0}$$

⑫
$$50\,)\overline{5\,0}$$

❸
$$10\,)\overline{9\,0}$$

⑧
$$30\,)\overline{9\,0}$$

⑬
$$70\,)\overline{7\,0}$$

❹
$$20\,)\overline{4\,0}$$

⑨
$$10\,)\overline{6\,0}$$

⑭
$$90\,)\overline{9\,0}$$

나누어떨어지는 (몇십)÷(몇십)

🐡 계산해 보세요.

➊ 20 ÷ 10

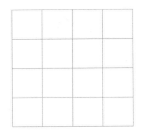

➋ 60 ÷ 10

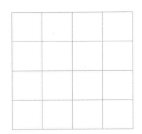

➌ 40 ÷ 10

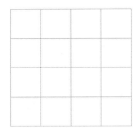

➍ 70 ÷ 10

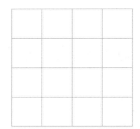

➎ 80 ÷ 20

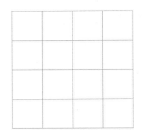

➏ 40 ÷ 20

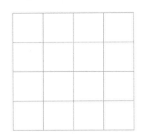

➐ 60 ÷ 20

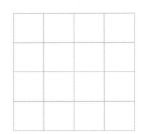

➑ 60 ÷ 30

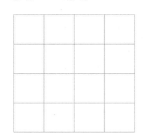

➒ 90 ÷ 30

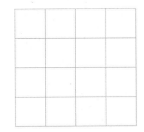

➓ 80 ÷ 40

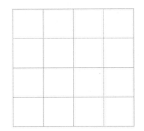

⓫ 60 ÷ 60

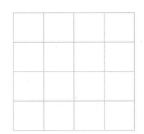

⓬ 80 ÷ 80

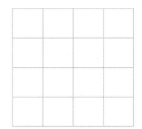

🐡 **계산해 보세요.**

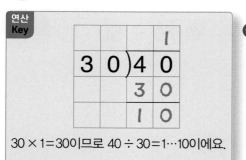

연산 Key

```
        1
30)4 0
  3 0
    1 0
```

30 × 1=30이므로 40÷30=1…10이에요.

❶
```
2 0)3 0
```

❷
```
2 0)7 0
```

❸
```
2 0)5 0
```

❹
```
2 0)9 0
```

❺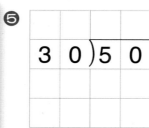
```
3 0)5 0
```

❻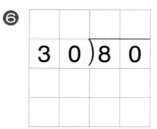
```
3 0)8 0
```

❼
```
3 0)7 0
```

❽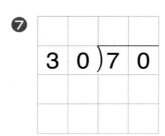
```
4 0)5 0
```

❾
```
4 0)9 0
```

❿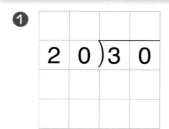
```
5 0)6 0
```

⓫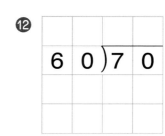
```
5 0)8 0
```

⓬
```
6 0)7 0
```

⓭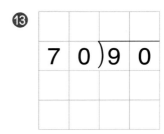
```
7 0)9 0
```

⓮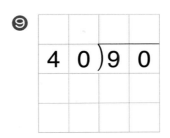
```
8 0)9 0
```

🐡 계산해 보세요.

❶ 50 ÷ 20

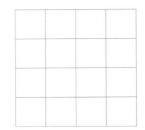

❺ 70 ÷ 30

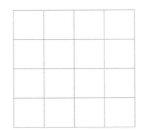

❾ 70 ÷ 50

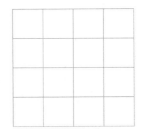

❷ 90 ÷ 20

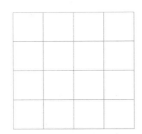

❻ 60 ÷ 40

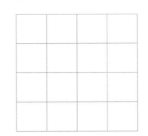

❿ 80 ÷ 60

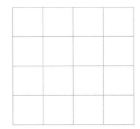

❸ 70 ÷ 20

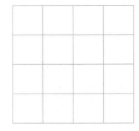

❼ 70 ÷ 40

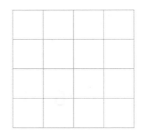

⓫ 90 ÷ 60

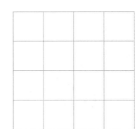

❹ 40 ÷ 30

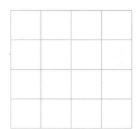

❽ 90 ÷ 50

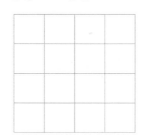

⓬ 80 ÷ 70

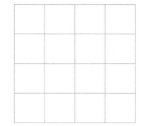

😀 계산해 보세요.

연산 Key

```
        3
1 0 ) 3 5
      3 0
        5
```

10 × 3 = 300이므로 35 ÷ 10 = 3…5예요.

❶
```
1 0 ) 2 1
```

❷
```
1 0 ) 5 6
```

❸
```
1 0 ) 3 3
```

❹
```
2 0 ) 4 2
```

❺
```
2 0 ) 2 8
```

❻
```
2 0 ) 8 3
```

❼
```
3 0 ) 9 7
```

❽
```
3 0 ) 6 6
```

❾
```
4 0 ) 4 5
```

❿
```
4 0 ) 8 1
```

⓫
```
5 0 ) 5 9
```

⓬
```
7 0 ) 7 6
```

⓭
```
8 0 ) 8 5
```

⓮
```
9 0 ) 9 2
```

계산해 보세요.

❶ 37 ÷ 10

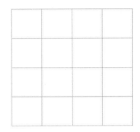

❷ 82 ÷ 10

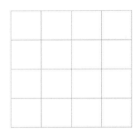

❸ 65 ÷ 20

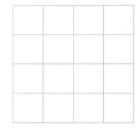

❹ 21 ÷ 20

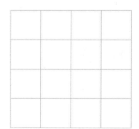

❺ 86 ÷ 20

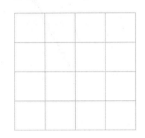

❻ 34 ÷ 30

❼ 93 ÷ 30

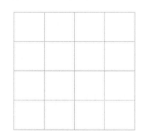

❽ 48 ÷ 40

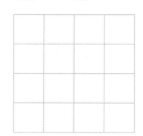

❾ 87 ÷ 40

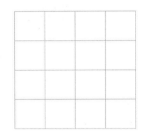

❿ 63 ÷ 60

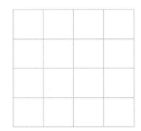

⓫ 72 ÷ 70

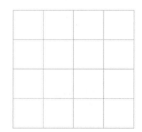

⓬ 99 ÷ 90

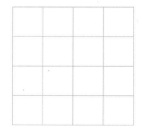

🐡 계산해 보세요.

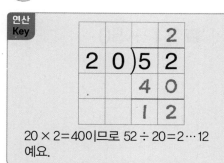

$20 \times 2 = 40$이므로 $52 \div 20 = 2 \cdots 12$
예요.

⑤
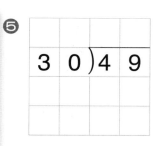
```
3 0 ) 4 9
```

⑩
```
4 0 ) 9 5
```

❶
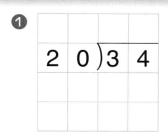
```
2 0 ) 3 4
```

⑥
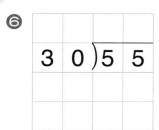
```
3 0 ) 5 5
```

⑪
```
5 0 ) 8 1
```

❷
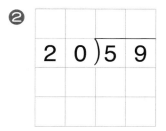
```
2 0 ) 5 9
```

⑦
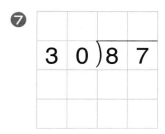
```
3 0 ) 8 7
```

⑫
```
6 0 ) 7 9
```

❸
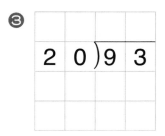
```
2 0 ) 9 3
```

⑧
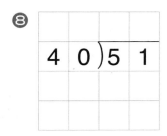
```
4 0 ) 5 1
```

⑬
```
7 0 ) 9 6
```

❹
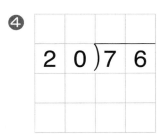
```
2 0 ) 7 6
```

⑨
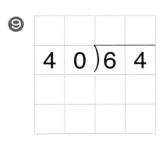
```
4 0 ) 6 4
```

⑭
```
8 0 ) 9 3
```

계산해 보세요.

❶ 53 ÷ 20
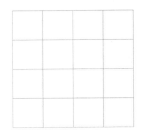

❺ 71 ÷ 30
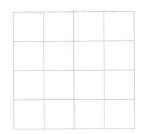

❾ 74 ÷ 50
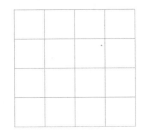

❷ 39 ÷ 20
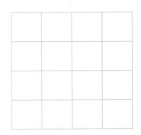

❻ 73 ÷ 40
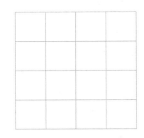

❿ 88 ÷ 60
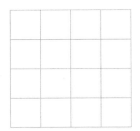

❸ 78 ÷ 20
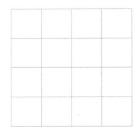

❼ 99 ÷ 40
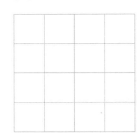

⓫ 93 ÷ 70
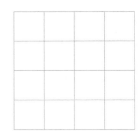

❹ 54 ÷ 30

❽ 62 ÷ 50
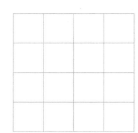

⓬ 95 ÷ 80
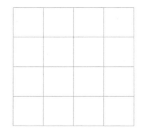

🐡 큰 수를 작은 수로 나누어 보세요.

연산 Key

48	40

➡ $48 \div 40 = 1 \cdots 8$

48을 40으로 나누어요.

❶ 50 10

❷ 63 10

❸ 80 20

❹ 23 20

❺ 50 20

❻ 87 20

❼ 60 30

❽ 33 30

❾ 72 30

❿ 80 40

⓫ 41 40

⓬ 92 40

⓭ 67 50

⓮ 70 60

⓯ 82 70

⓰ 89 80

⓱ 94 90

🐡 큰 수를 작은 수로 나누어 보세요.

❶ 51 10   ❼ 90 30   ⑬ 70 50

❷ 10 70   ❽ 30 66   ⑭ 50 52

❸ 20 40   ❾ 73 30   ⑮ 60 65

❹ 60 20   ❿ 44 40   ⑯ 80 70

❺ 20 89   ⑪ 40 60   ⑰ 97 80

❻ 55 20   ⑫ 82 40   ⑱ 96 90

6

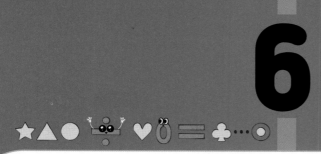

(세 자리 수)÷(몇십)

(학습목표) 1. 나누어떨어지는 (세 자리 수)÷(몇십)의 계산 익히기
2. 나머지가 있는 (세 자리 수)÷(몇십)의 계산 익히기

원리 깨치기

❶ 나누어떨어지는 (세 자리 수)÷(몇십)
❷ 나머지가 있는 (세 자리 수)÷(몇십)

월   일

이해 !

한번 더 !

140÷20, 216÷40을 계산하면 얼마가 될까?
지금까지 (두 자리 수)÷(몇십)을 열심히 연습했지?
여기에 나누어지는 수만 세 자리 수로 바뀌었기 때문에 방법은 같으니까 그리 어렵지 않을 거야.
자! 그럼, (세 자리 수)÷(몇십)을 공부해 보자.

연산력 키우기

		맞은 개수 / 전체 문항
❶ DAY		
월	일	14
걸린시간 분	초	12
❷ DAY		
월	일	14
걸린시간 분	초	12
❸ DAY		
월	일	14
걸린시간 분	초	12
❹ DAY		
월	일	14
걸린시간 분	초	12
❺ DAY		
월	일	17
걸린시간 분	초	18

❶ 나누어떨어지는 (세 자리 수) ÷ (몇십)

[140 ÷ 20 계산하기]

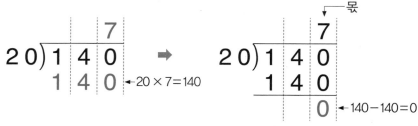

$$140 \div 20 = 7$$

14 ÷ 2 = 7

➡ 140 ÷ 20의 몫은 14 ÷ 2의 몫과 같습니다.

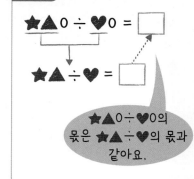

$$
\begin{array}{r}
7 \\
20 \overline{)140} \\
140 \quad \leftarrow 20 \times 7 = 140
\end{array}
$$

➡

몫
$$
\begin{array}{r}
7 \\
20 \overline{)140} \\
140 \\
\hline
0 \quad \leftarrow 140 - 140 = 0
\end{array}
$$

➡ $140 \div 20 = $ **7**

└ 몫

❷ 나머지가 있는 (세 자리 수) ÷ (몇십)

[216 ÷ 40 계산하기]

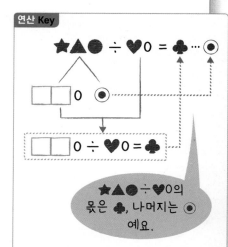

$$
\begin{array}{r}
5 \\
40 \overline{)216} \\
200 \quad \leftarrow 40 \times 5 = 200
\end{array}
$$

➡

몫
$$
\begin{array}{r}
5 \\
40 \overline{)216} \\
200 \\
\hline
16 \\
\end{array}
$$

나머지 ↗   216 − 200 = 16

➡ $216 \div 40 = $ **5** ⋯ **16**

몫 ↗   └ 나머지

(세 자리 수) ÷ (몇십)	➡	몇십이 세 자리 수에 ♣번까지 들어가고 ◉가 남으면	➡	몫: ♣ 나머지: ◉

$$216 - 40 - 40 - 40 - 40 - 40 = 16 \Rightarrow 216 \div 40 = 5 \cdots 16$$

5번

계산해 보세요.

연산 Key

$$
\begin{array}{r}
4 \\
30\overline{)120} \\
120 \\
\hline
0
\end{array}
$$

30×4=1200이므로 몫은 4예요.

❶
$$
20\overline{)100}
$$

❷
$$
20\overline{)180}
$$

❸
$$
30\overline{)150}
$$

❹
$$
30\overline{)210}
$$

❺
$$
40\overline{)200}
$$

❻
$$
40\overline{)320}
$$

❼
$$
50\overline{)250}
$$

❽
$$
60\overline{)360}
$$

❾
$$
60\overline{)540}
$$

❿
$$
70\overline{)210}
$$

⓫
$$
70\overline{)560}
$$

⓬
$$
80\overline{)320}
$$

⓭
$$
80\overline{)640}
$$

⓮
$$
90\overline{)450}
$$

🐡 계산해 보세요.

① 160 ÷ 20

② 270 ÷ 30

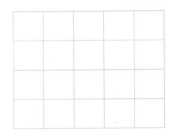

③ 160 ÷ 40

④ 280 ÷ 40

⑤ 400 ÷ 50

⑥ 150 ÷ 50

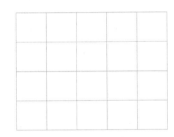

⑦ 300 ÷ 60

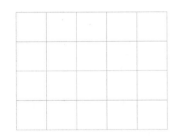

⑧ 350 ÷ 70

⑨ 490 ÷ 70

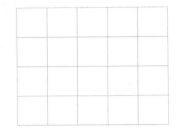

⑩ 240 ÷ 80

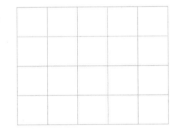

⑪ 270 ÷ 90

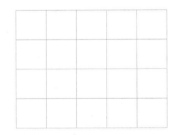

⑫ 720 ÷ 90

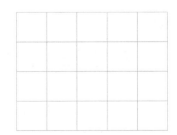

🐡 계산해 보세요.

연산 Key

40×3=120이므로 130÷40=3…10 이에요.

⑤
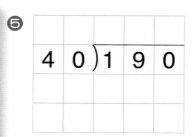

⑩
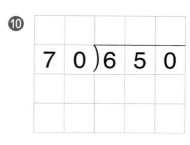

❶
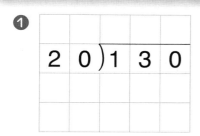

⑥
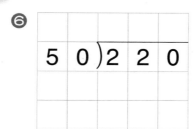

⑪
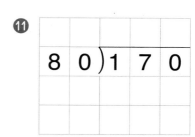

❷
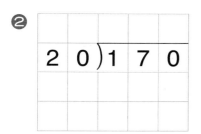

⑦
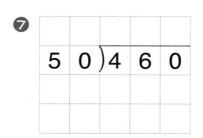

⑫
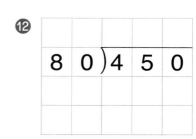

❸
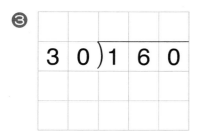

⑧
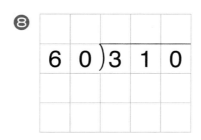

⑬
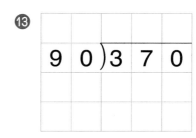

❹
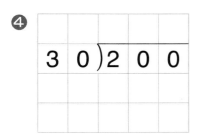

⑨
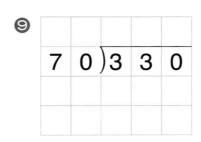

⑭
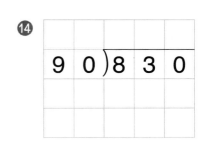

계산해 보세요.

❶ 150 ÷ 20

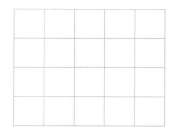

❺ 440 ÷ 50

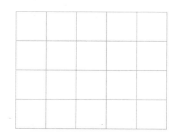

❾ 260 ÷ 70

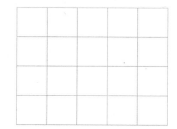

❷ 100 ÷ 30

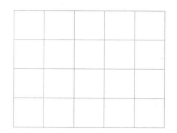

❻ 200 ÷ 60

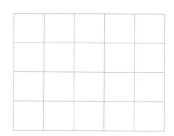

❿ 210 ÷ 80

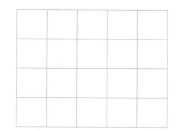

❸ 290 ÷ 30

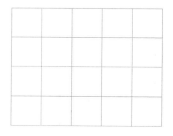

❼ 490 ÷ 60

⓫ 420 ÷ 80

❹ 300 ÷ 40

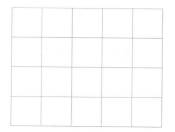

❽ 500 ÷ 70

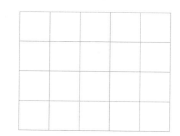

⓬ 570 ÷ 90

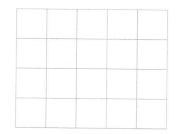

🐡 계산해 보세요.

연산 Key

				3
5	0) 1	5	2	
		1	5	0
				2

50×3=1500이므로 152÷50=3···2
예요.

①

2 0) 1 0 4

②

2 0) 1 8 1

③

3 0) 1 2 3

④

3 0) 2 1 9

⑤

4 0) 1 6 6

⑥

4 0) 2 0 5

⑦

5 0) 3 5 7

⑧

5 0) 4 0 8

⑨

6 0) 3 0 1

⑩

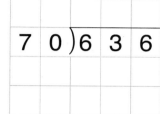
7 0) 4 2 5

⑪

7 0) 6 3 6

⑫

8 0) 1 6 9

⑬

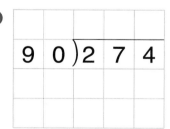
9 0) 2 7 4

⑭

9 0) 5 4 5

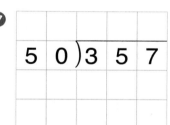

계산해 보세요.

❶ 121 ÷ 20

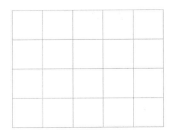

❺ 303 ÷ 50

❾ 212 ÷ 70

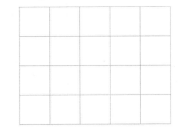

❷ 245 ÷ 30

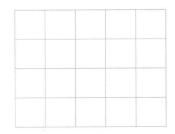

❻ 254 ÷ 50

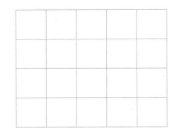

❿ 408 ÷ 80

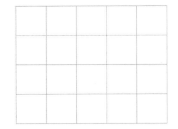

❸ 153 ÷ 30

❼ 369 ÷ 60

⓫ 563 ÷ 80

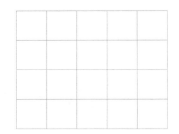

❹ 165 ÷ 40

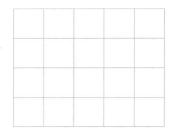

❽ 546 ÷ 60

⓬ 361 ÷ 90

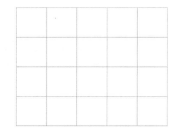

🐡 계산해 보세요.

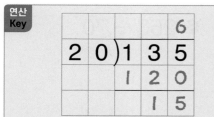

20×6=1200이므로 135÷20=6…15
예요.

❶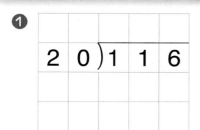

❷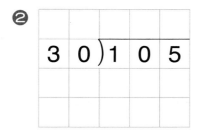

❸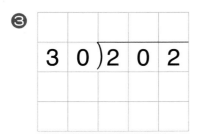

❹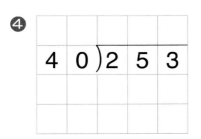

⑤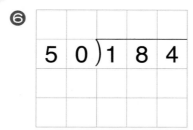

⑥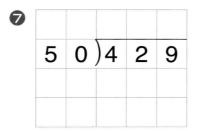

⑦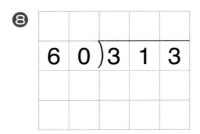

⑧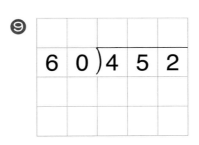

⑩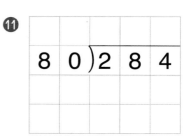

⑪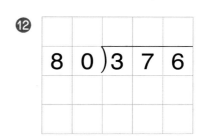

⑫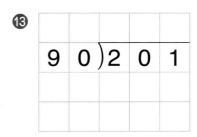

⑬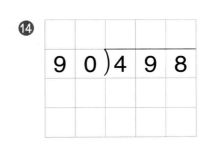

나머지가 있는 (세 자리 수)÷(몇십) (2)

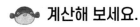 계산해 보세요.

❶ 154 ÷ 20

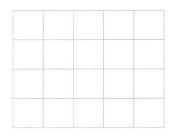

❺ 248 ÷ 50

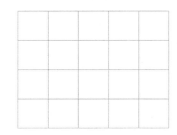

❾ 253 ÷ 70

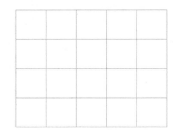

❷ 231 ÷ 30

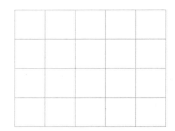

❻ 207 ÷ 60

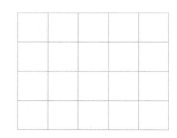

❿ 104 ÷ 80

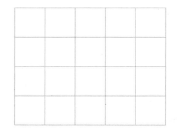

❸ 355 ÷ 40

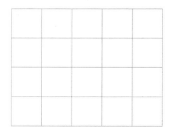

❼ 373 ÷ 60

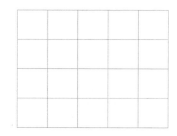

⓫ 676 ÷ 80

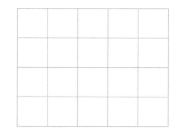

❹ 462 ÷ 50

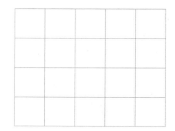

❽ 501 ÷ 70

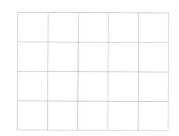

⓬ 562 ÷ 90

🐡 큰 수를 작은 수로 나누어 보세요.

연산 Key

249	60

→ $249 \div 60 = 4 \cdots 9$

249를 60으로 나누어요.

❶ 110   20

❷ 172   20

❸ 216   30

❹ 240   30

❺ 128   40

❻ 295   40

❼ 329   40

❽ 353   50

❾ 450   50

❿ 120   60

⓫ 507   60

⓬ 230   70

⓭ 510   70

⓮ 411   80

⓯ 560   80

⓰ 393   90

⓱ 721   90

🐡 큰 수를 작은 수로 나누어 보세요.

❶ 107   20   ❼ 300   50   ⑬ 147   70

❷ 20   190   ❽ 176   50   ⑭ 70   446

❸ 180   30   ❾ 50   314   ⑮ 80   500

❹ 128   30   ⑩ 240   60   ⑯ 722   80

❺ 163   40   ⑪ 60   320   ⑰ 630   90

❻ 40   305   ⑫ 420   70   ⑱ 90   828

7

(두 자리 수)÷(두 자리 수)

학습목표 1. 나누어떨어지는 (두 자리 수)÷(두 자리 수)의 계산 익히기
2. 나머지가 있는 (두 자리 수)÷(두 자리 수)의 계산 익히기

원리 깨치기

❶ 나누어떨어지는 (두 자리 수)÷(두 자리 수)
❷ 나머지가 있는 (두 자리 수)÷(두 자리 수)

월　　　　일

이해!

한번 더!

48÷12, 35÷16을 계산하면 얼마가
될까?
앞에서 공부한 나눗셈은 나누는 수가
몇십이었는데 나누는 수가 몇십몇이라
서 조금 어려워 보일 수도 있어.
하지만 나누는 수×□의 곱셈만 잘 하
면 간단하단다.
자! 그럼, (두 자리 수)÷(두 자리 수)
를 공부해 보자.

연산력 키우기

❶ DAY	맞은 개수 / 전체 문항
월　　　　일	14
걸린시간　분　　초	12

❷ DAY	맞은 개수 / 전체 문항
월　　　　일	14
걸린시간　분　　초	12

❸ DAY	맞은 개수 / 전체 문항
월　　　　일	14
걸린시간　분　　초	12

❹ DAY	맞은 개수 / 전체 문항
월　　　　일	14
걸린시간　분　　초	12

❺ DAY	맞은 개수 / 전체 문항
월　　　　일	17
걸린시간　분　　초	18

❶ **나누어떨어지는 (두 자리 수) ÷ (두 자리 수)**

[48 ÷ 12 계산하기]

➡ 48 ÷ 12 = **4** ← 몫

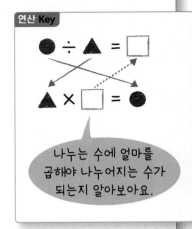

나누는 수에 얼마를 곱해야 나누어지는 수가 되는지 알아보아요.

❷ **나머지가 있는 (두 자리 수) ÷ (두 자리 수)**

[35 ÷ 16 계산하기]

• 몫을 **1**로 예상하기

16<19
나머지가 나누는 수보다 큽니다.

나머지는 나누는 수 보다 작아야 해요.

• 몫을 **3**으로 예상하기

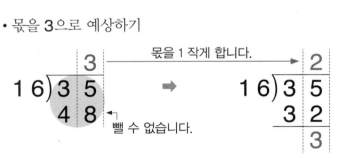

➡ 35 ÷ 16 = **2** ⋯ **3**
몫 ↗   ↖나머지

나머지가 나누는 수보다 크거나 같으면	➡	몫을 1 크게 합니다.
계산 중간에 뺄 수 없으면	➡	몫을 1 작게 합니다.

🐡 계산해 보세요.

연산 Key

```
         3
1 7 ) 5 1
      5 1
        0
```

17 × 3=510|므로 몫은 30|에요.

❺
```
1 6 ) 6 4
```

❿
```
2 6 ) 5 2
```

❶
```
1 1 ) 6 6
```

❻
```
1 8 ) 3 6
```

⓫
```
2 8 ) 8 4
```

❷
```
1 2 ) 2 4
```

❼
```
2 1 ) 6 3
```

⓬
```
3 2 ) 9 6
```

❸
```
1 3 ) 9 1
```

❽
```
2 3 ) 9 2
```

⓭
```
3 4 ) 6 8
```

❹
```
1 5 ) 4 5
```

❾
```
2 5 ) 7 5
```

⓮
```
4 7 ) 9 4
```

나누어떨어지는 (두 자리 수)÷(두 자리 수)

🐡 계산해 보세요.

❶ 36 ÷ 12

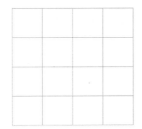

❺ 54 ÷ 18

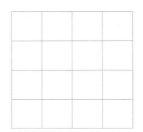

❾ 54 ÷ 27

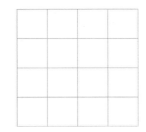

❷ 98 ÷ 14

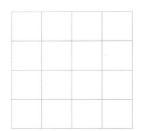

❻ 38 ÷ 19

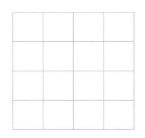

❿ 99 ÷ 33

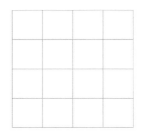

❸ 96 ÷ 16

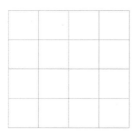

❼ 88 ÷ 22

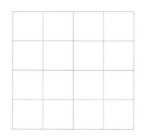

⓫ 76 ÷ 38

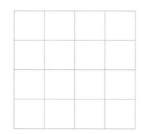

❹ 68 ÷ 17

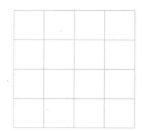

❽ 72 ÷ 24

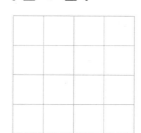

⓬ 92 ÷ 46

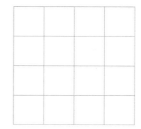

🐡 계산해 보세요.

연산 Key

```
        2
  1 3)2 7
      2 6
        1
```

13 × 2 = 26이므로 27 ÷ 13 = 2···1이에요.

❶
```
1 1)3 5
```

❷
```
1 2)1 8
```

❸
```
1 4)7 1
```

❹
```
1 5)6 9
```

❺
```
1 6)5 4
```

❻
```
1 7)3 8
```

❼
```
1 9)8 1
```

❽
```
2 2)6 8
```

❾
```
2 3)5 2
```

❿
```
2 6)7 9
```

⓫
```
2 9)3 6
```

⓬
```
3 1)6 8
```

⓭
```
3 7)8 2
```

⓮
```
4 4)9 1
```

나머지가 있는 (두 자리 수)÷(두 자리 수)(1)

 계산해 보세요.

❶ 15 ÷ 13

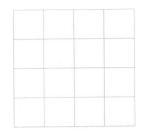

❷ 59 ÷ 14

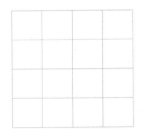

❸ 77 ÷ 15

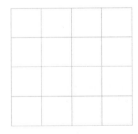

❹ 73 ÷ 17

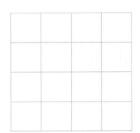

❺ 37 ÷ 18

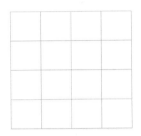

❻ 98 ÷ 19

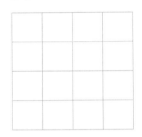

❼ 53 ÷ 23

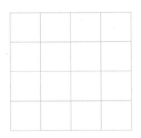

❽ 76 ÷ 25

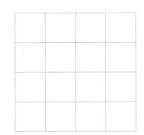

❾ 88 ÷ 28

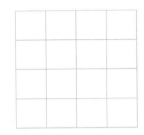

❿ 45 ÷ 36

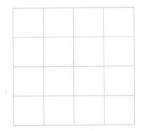

⓫ 84 ÷ 39

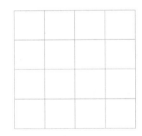

⓬ 94 ÷ 43

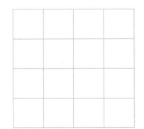

계산해 보세요.

연산 Key

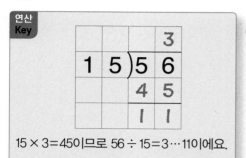

15 × 3=450이므로 56÷15=3…110이에요.

⑤

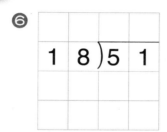

1 7) 6 5

⑩

1 2) 4 6

❶

1 2) 4 6

⑥

1 8) 5 1

⑪

3 2) 4 7

❷

1 3) 7 6

⑦

2 1) 3 1

⑫

3 4) 7 9

❸

1 4) 5 2

⑧

2 4) 5 9

⑬

3 6) 8 8

❹

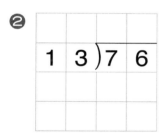

1 6) 9 3

⑨

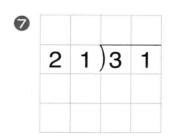

2 7) 9 6

⑭

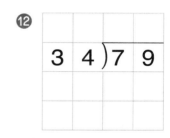

4 2) 6 4

🐡 계산해 보세요.

❶ 32 ÷ 11

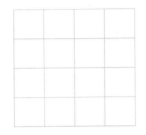

❺ 49 ÷ 18

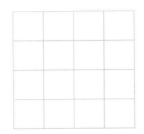

❾ 62 ÷ 26

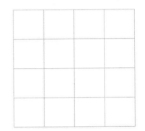

❷ 51 ÷ 13

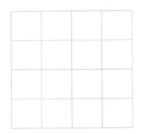

❻ 68 ÷ 19

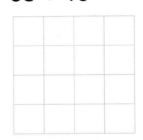

❿ 97 ÷ 29

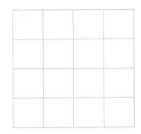

❸ 25 ÷ 14

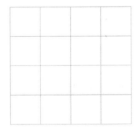

❼ 82 ÷ 22

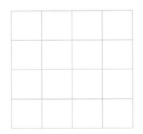

⓫ 87 ÷ 38

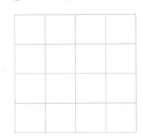

❹ 87 ÷ 15

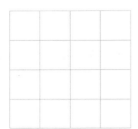

❽ 39 ÷ 25

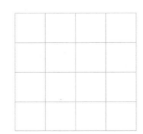

⓬ 94 ÷ 41

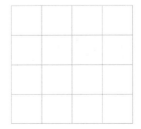

계산해 보세요.

연산 Key

```
         2
  1 6 ) 4 0
         3 2
           8
```

16 × 2=32이므로 40÷16=2…8이에요.

❶
```
  1 1 ) 2 0
```

❷
```
  1 2 ) 3 0
```

❸
```
  1 3 ) 4 0
```

❹
```
  1 4 ) 4 0
```

❺
```
  1 5 ) 6 0
```

❻
```
  1 6 ) 6 0
```

❼
```
  1 7 ) 4 0
```

❽
```
  1 9 ) 5 0
```

❾
```
  2 3 ) 7 0
```

❿
```
  2 4 ) 6 0
```

⓫
```
  2 7 ) 9 0
```

⓬
```
  2 9 ) 8 0
```

⓭
```
  3 4 ) 7 0
```

⓮
```
  4 5 ) 9 0
```

4 DAY

(몇십)÷(두 자리 수)

🐡 계산해 보세요.

❶ 40 ÷ 12

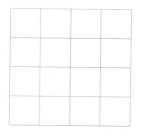

❷ 20 ÷ 13

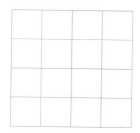

❸ 30 ÷ 15

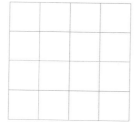

❹ 50 ÷ 17

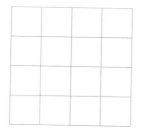

❺ 90 ÷ 18

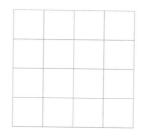

❻ 40 ÷ 19

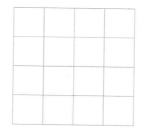

❼ 60 ÷ 21

❽ 80 ÷ 24

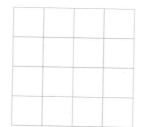

❾ 70 ÷ 26

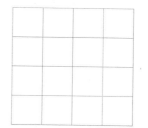

❿ 60 ÷ 28

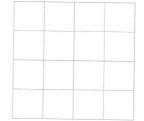

⓫ 80 ÷ 31

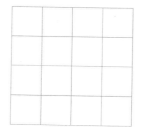

⓬ 90 ÷ 39

연산력 키우기 5 DAY

(두 자리 수)÷(두 자리 수)

나머지가 나누는 수보다 작은지 확인해요.

큰 수를 작은 수로 나누어 보세요.

연산 Key

49 12

➡ $49 \div 12 = 4 \cdots 1$

49를 12로 나누어요.

❶ 38 11

❷ 90 12

❸ 42 13

❹ 28 14

❺ 57 15

❻ 70 16

❼ 69 17

❽ 20 18

❾ 57 19

❿ 78 21

⓫ 92 23

⓬ 81 27

⓭ 68 28

⓮ 89 29

⓯ 74 32

⓰ 70 35

⓱ 99 46

5 DAY (두 자리 수)÷(두 자리 수)

🐡 큰 수를 작은 수로 나누어 보세요.

❶ 19   12   ❼ 18   72   ❸ 26   78

❷ 13   30   ❽ 56   19   ❹ 85   28

❸ 48   14   ❾ 71   22   ❺ 91   29

❹ 15   90   ❿ 82   23   ❻ 69   32

❺ 80   16   ⓫ 24   58   ⓱ 37   75

❻ 17   77   ⓬ 80   25   ⓲ 98   43

8

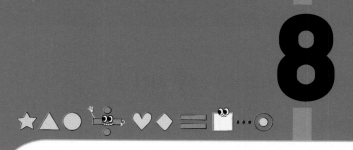

몫이 한 자리 수인
(세 자리 수)÷(두 자리 수)

학습목표 1. 몫이 한 자리 수이고 나누어떨어지는 (세 자리 수)÷(두 자리 수)의 계산 익히기
2. 몫이 한 자리 수이고 나머지가 있는 (세 자리 수)÷(두 자리 수)의 계산 익히기

원리 깨치기

❶ 몫이 한 자리 수이고 나누어떨어지는
   (세 자리 수)÷(두 자리 수)
❷ 몫이 한 자리 수이고 나머지가 있는
   (세 자리 수)÷(두 자리 수)

월	일

이해!

한번 더!

108÷36, 123÷24를 계산하면 얼마가
될까?
우리는 바로 앞에서 몫이 한 자리 수인
(두 자리 수)÷(두 자리 수)를 공부했어.
여기에 나누어지는 수만 세 자리 수로 바
꾸는 거야. 답은 몫만 나오는 경우도 있
고, 몫과 나머지가 나오는 경우도 있단다.
자! 그럼, 몫이 한 자리 수인 (세 자리
수)÷(두 자리 수)를 공부해 보자.

연산력 키우기

❶ DAY		맞은 개수 / 전체 문항
월	일	14
걸린시간 분	초	12

❷ DAY		맞은 개수 / 전체 문항
월	일	14
걸린시간 분	초	12

❸ DAY		맞은 개수 / 전체 문항
월	일	14
걸린시간 분	초	12

❹ DAY		맞은 개수 / 전체 문항
월	일	14
걸린시간 분	초	12

❺ DAY		맞은 개수 / 전체 문항
월	일	17
걸린시간 분	초	18

원리 깨치기

❶ 몫이 한 자리 수이고 나누어떨어지는 (세 자리 수) ÷ (두 자리 수)

[108 ÷ 36 계산하기]

$$36\overline{)108}$$

· 10에 36이 들어갈 수 없습니다.
· 108에 36이 들어갈 수 있습니다.
➡ 10<36이면 몫은 한 자리 수입니다.

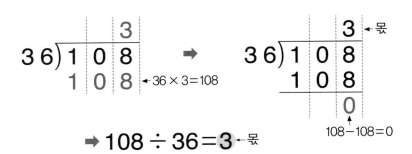

$$36\overline{)108} \quad {1\,0\,8} \leftarrow 36 \times 3 = 108$$

➡

$$36\overline{)108} \leftarrow 몫 \quad {1\,0\,8} \quad {0} \uparrow 108-108=0$$

➡ 108 ÷ 36 = **3** ←몫

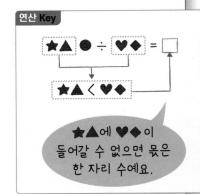

연산 Key

★▲●÷♥◆=□

★▲<♥◆

★▲에 ♥◆이 들어갈 수 없으면 몫은 한 자리 수예요.

❷ 몫이 한 자리 수이고 나머지가 있는 (세 자리 수) ÷ (두 자리 수)

[123 ÷ 24 계산하기]

$$24\overline{)123} \quad {1\,2\,0} \leftarrow 24 \times 5 = 120$$

➡

$$24\overline{)123} \leftarrow 몫 \quad {1\,2\,0} \quad {3} \leftarrow 123-120=3 \quad \llcorner 나머지$$

➡ 123 ÷ 24 = **5** … **3**
몫 ↗   ↖ 나머지

(세 자리 수) ÷ (두 자리 수) ➡ 나누어지는 수의 앞의 두 자리 수가 나누는 수보다 작으면 ➡ 몫은 한 자리 수

계산 결과가 맞는지 확인하는 방법
· 나누어떨어지는 나눗셈: 108 ÷ 36 = 3 ➡ 36 × 3 = 108
· 나머지가 있는 나눗셈: 123 ÷ 24 = 5 … 3 ➡ 24 × 5 = 120, 120 + 3 = 123

연산력
키우기 **1** **DAY** | 나누어떨어지는 (몇백몇십)÷(두 자리 수) | 한 자리 수인 몫만 있어요.

🐡 계산해 보세요.

연산 Key

```
            5
  2 2 ) 1 1 0
        1 1 0
            0
```

22 × 5 = 110이므로 몫은 5예요.

❺
```
3 4 ) 1 7 0
```

❿
```
7 5 ) 1 5 0
```

❶
```
1 5 ) 1 2 0
```

❻
```
4 6 ) 2 3 0
```

⓫
```
8 2 ) 4 1 0
```

❷
```
2 4 ) 1 2 0
```

❼
```
5 5 ) 2 2 0
```

⓬
```
8 5 ) 5 1 0
```

❸
```
2 5 ) 1 5 0
```

❽
```
5 8 ) 2 9 0
```

⓭
```
9 4 ) 4 7 0
```

❹
```
3 2 ) 1 6 0
```

❾
```
6 5 ) 3 9 0
```

⓮
```
9 8 ) 4 9 0
```

나누어떨어지는 (몇백몇십)÷(두 자리 수)

🐡 계산해 보세요.

❶ 200 ÷ 25

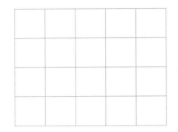

❺ 210 ÷ 42

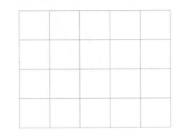

❾ 600 ÷ 75

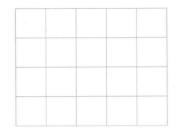

❷ 130 ÷ 26

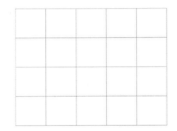

❻ 360 ÷ 45

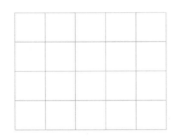

❿ 390 ÷ 78

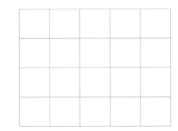

❸ 140 ÷ 35

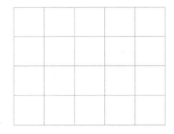

❼ 270 ÷ 54

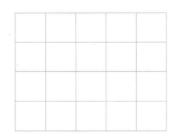

⓫ 430 ÷ 86

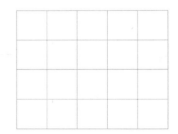

❹ 190 ÷ 38

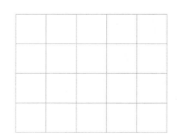

❽ 260 ÷ 65

⓬ 570 ÷ 95

연산력
키우기

2
DAY

나누어떨어지는 (세 자리 수)÷(두 자리 수)

(몇백몇십)÷(몇십)으로 생각하면 몫을 예상할 수 있어요.

🐡 계산해 보세요.

연산
Key

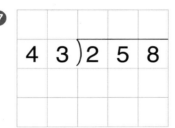

14 × 9=126이므로 몫은 9예요.

❶
```
1 2 ) 1 0 8
```

❷
```
1 8 ) 1 0 8
```

❸
```
2 4 ) 2 1 6
```

❹
```
2 9 ) 2 0 3
```

❺
```
3 1 ) 1 5 5
```

❻
```
3 7 ) 1 4 8
```

❼
```
4 3 ) 2 5 8
```

❽
```
5 1 ) 3 5 7
```

❾
```
5 6 ) 3 3 6
```

❿
```
6 2 ) 1 8 6
```

⓫
```
7 9 ) 1 5 8
```

⓬
```
8 4 ) 5 0 4
```

⓭
```
8 6 ) 3 4 4
```

⓮
```
9 3 ) 2 7 9
```

나누어떨어지는 (세 자리 수)÷(두 자리 수)

 계산해 보세요.

① 153 ÷ 17

⑤ 184 ÷ 46

⑨ 231 ÷ 77

② 126 ÷ 21

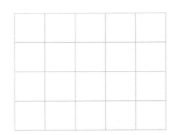

⑥ 156 ÷ 52

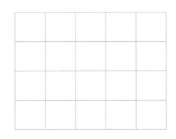

⑩ 486 ÷ 81

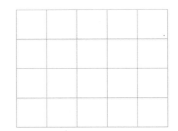

③ 175 ÷ 25

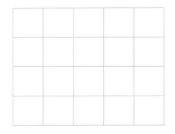

⑦ 396 ÷ 66

⑪ 616 ÷ 88

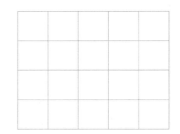

④ 102 ÷ 34

⑧ 584 ÷ 73

⑫ 495 ÷ 99

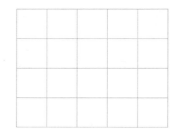

🐡 계산해 보세요.

연산 Key

```
          8
2 5 ) 2 1 0
      2 0 0
        1 0
```

25 × 8=200이므로 210 ÷ 25=8…10
이에요.

❶
```
1 3 ) 1 2 0
```

❷
```
1 6 ) 1 0 0
```

❸
```
2 2 ) 1 5 0
```

❹
```
2 8 ) 2 0 0
```

❺
```
3 4 ) 2 8 0
```

❻
```
4 1 ) 1 7 0
```

❼
```
4 9 ) 3 0 0
```

❽
```
5 5 ) 2 4 0
```

❾
```
5 6 ) 4 0 0
```

❿
```
6 3 ) 2 7 0
```

⓫
```
6 9 ) 3 6 0
```

⓬
```
7 2 ) 2 9 0
```

⓭
```
8 7 ) 2 7 0
```

⓮
```
9 1 ) 7 5 0
```

계산해 보세요.

❶ 110 ÷ 18

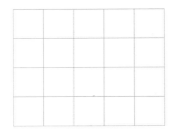

❺ 310 ÷ 43

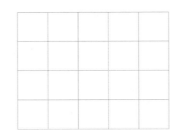

❾ 220 ÷ 68

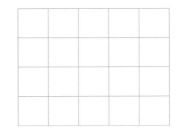

❷ 130 ÷ 24

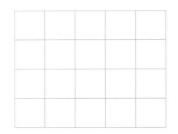

❻ 290 ÷ 45

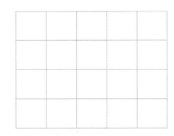

❿ 360 ÷ 71

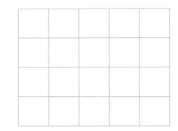

❸ 170 ÷ 33

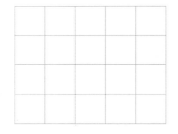

❼ 210 ÷ 52

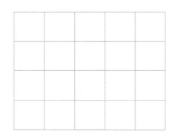

⓫ 770 ÷ 84

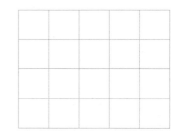

❹ 250 ÷ 39

❽ 420 ÷ 59

⓬ 690 ÷ 95

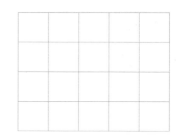

🐡 **계산해 보세요.**

연산 Key

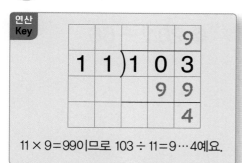

11×9=99이므로 103÷11=9…4예요.

❶

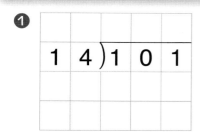

14)101

❺

3 2)1 0 7

❿

6 7)5 4 4

❷

19)116

❻

3 5)1 5 3

⓫

7 7)2 6 2

❸

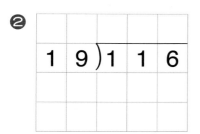

2 6)1 0 9

❼

4 2)1 7 1

⓬

8 3)3 4 2

❹

2 8)1 1 3

❾

5 3)3 8 5

⓭

8 5)7 6 6

⓮

9 2)5 5 9

❽

5 1)3 1 1

4 DAY 나머지가 있는 (세 자리 수)÷(두 자리 수)

🐡 계산해 보세요.

❶ 109 ÷ 12

❺ 232 ÷ 34

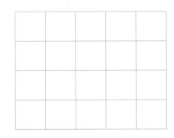

❾ 201 ÷ 66

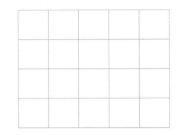

❷ 113 ÷ 18

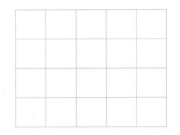

❻ 293 ÷ 47

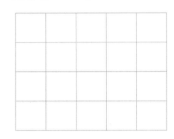

❿ 553 ÷ 78

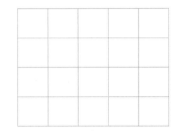

❸ 177 ÷ 25

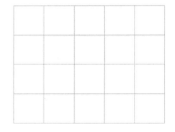

❼ 519 ÷ 55

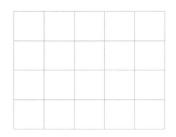

⓫ 511 ÷ 82

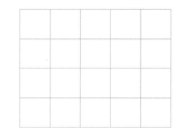

❹ 119 ÷ 29

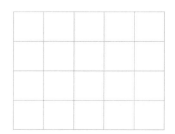

❽ 257 ÷ 64

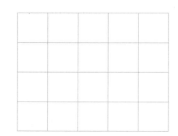

⓬ 778 ÷ 96

🐡 큰 수를 작은 수로 나누어 보세요.

연산 Key

110	34

➡ $110 \div 34 = 3 \cdots 8$

110을 34로 나누어요.

❶ 105 · 13

❷ 128 · 16

❸ 100 · 18

❹ 110 · 21

❺ 200 · 25

⑥ 165 · 27

❼ 243 · 33

❽ 180 · 34

❾ 123 · 41

⑩ 387 · 43

⑪ 338 · 48

⑫ 211 · 52

⑬ 280 · 56

⑭ 254 · 61

⑮ 584 · 72

⑯ 793 · 88

⑰ 380 · 94

큰 수를 작은 수로 나누어 보세요.

❶ | 100 | 11 |

❼ | 210 | 35 |

⓭ | 128 | 62 |

❷ | 119 | 17 |

❽ | 153 | 38 |

⓮ | 71 | 639 |

❸ | 21 | 130 |

❾ | 44 | 220 |

⓯ | 400 | 79 |

❹ | 115 | 26 |

❿ | 410 | 45 |

⓰ | 87 | 800 |

❺ | 234 | 29 |

⓫ | 53 | 371 |

⓱ | 372 | 93 |

❻ | 32 | 224 |

⓬ | 58 | 527 |

⓲ | 517 | 99 |

9

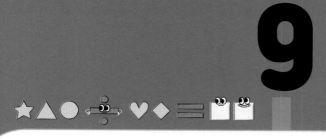

몫이 두 자리 수이고 나누어떨어지는 (세 자리 수)÷(두 자리 수)

학습목표 1. 몫이 몇십이고 나누어떨어지는 (세 자리 수)÷(두 자리 수)의 계산 익히기
2. 몫이 두 자리 수이고 나누어떨어지는 (세 자리 수)÷(두 자리 수)의 계산 익히기

원리 깨치기

❶ 몫이 몇십이고 나누어떨어지는
(세 자리 수)÷(두 자리 수)
❷ 몫이 두 자리 수이고 나누어떨어지는
(세 자리 수)÷(두 자리 수)

월	일

이해!

한번 더!

510÷17, 442÷26을 계산하면 얼마가
될까?
지금까지 몫이 한 자리 수인 나눗셈을
계산했는데 이제부터는 몫이 두 자리 수
인 나눗셈을 알아볼 거야. 2번 나누어야
하지만 방법은 몫이 한 자리 수인 나눗
셈과 같으니까 걱정하지 마.
자! 그럼, 몫이 두 자리 수이고 나누어
떨어지는 (세 자리 수)÷(두 자리 수)를
공부해 보자.

연산력 키우기

❶ DAY		맞은 개수	
			전체 문항
월	일		14
걸린시간 분	초		12
❷ DAY		맞은 개수	
			전체 문항
월	일		11
걸린시간 분	초		9
❸ DAY		맞은 개수	
			전체 문항
월	일		11
걸린시간 분	초		9
❹ DAY		맞은 개수	
			전체 문항
월	일		11
걸린시간 분	초		9
❺ DAY		맞은 개수	
			전체 문항
월	일		17
걸린시간 분	초		18

❶ 몫이 몇십이고 나누어떨어지는 (세 자리 수)÷(두 자리 수)

[510 ÷ 17 계산하기]

51에 17이 들어갈 수 있습니다.
➡ 51>17이면 몫은 두 자리 수입니다.

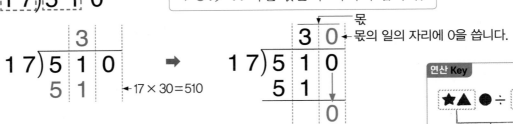

➡ 510 ÷ 17 = **30** ←몫

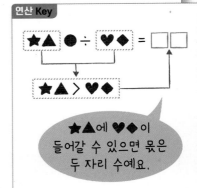

연산 Key

★▲에 ♥◆이 들어갈 수 있으면 몫은 두 자리 수예요.

❷ 몫이 두 자리 수이고 나누어떨어지는 (세 자리 수)÷(두 자리 수)

[442 ÷ 26 계산하기]

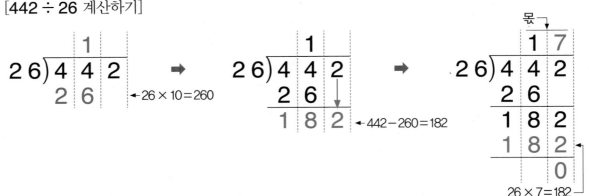

➡ 442 ÷ 26 = **17** ←몫

| (세 자리 수)÷(두 자리 수) | ➡ | 나누어지는 수의 앞의 두 자리 수가 나누는 수보다 크면 | ➡ | 몫은 두 자리 수 |

442 ÷ 26의 몫 어림하기

26 × 10 = 260, 26 × 20 = 520이고, 나누어지는 수 442는 260과 520 사이에 있습니다.

➡ 442 ÷ 26의 몫은 10과 20 사이에 있으므로 1□입니다.

몫이 몇십인 (세 자리 수)÷(두 자리 수)

나누어지는 수의 앞의 두 자리 수가 나누는 수로 나누어져요.

🐡 **계산해 보세요.**

연산 Key

```
        2 0
1 5)3 0 0
    3 0
        0
```

15 × 20 = 300이므로 몫은 20이에요.

⑤
```
1 9)9 5 0
```

⑩
```
2 9)8 7 0
```

❶
```
1 2)4 8 0
```

⑥
```
2 1)8 4 0
```

⑪
```
3 3)9 9 0
```

❷
```
1 3)9 1 0
```

⑦
```
2 4)7 2 0
```

⑫
```
3 8)7 6 0
```

❸
```
1 6)8 0 0
```

⑧
```
2 5)5 0 0
```

⑬
```
4 1)8 2 0
```

❹
```
1 8)3 6 0
```

⑨
```
2 6)5 2 0
```

⑭
```
4 7)9 4 0
```

몫이 몇십인 (세 자리 수)÷(두 자리 수)

 계산해 보세요.

❶ 770 ÷ 11

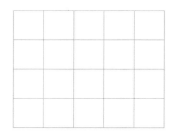

❺ 540 ÷ 18

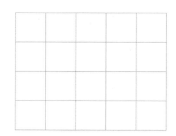

❾ 840 ÷ 28

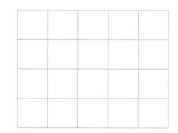

❷ 700 ÷ 14

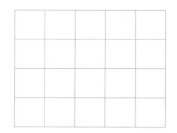

❻ 880 ÷ 22

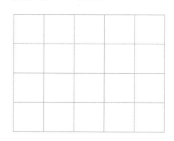

❿ 930 ÷ 31

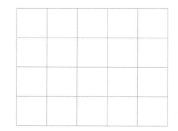

❸ 600 ÷ 15

❼ 690 ÷ 23

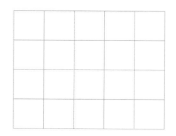

⓫ 740 ÷ 37

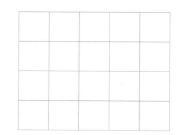

❹ 850 ÷ 17

❽ 540 ÷ 27

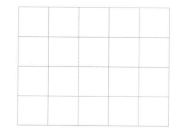

⓬ 900 ÷ 45

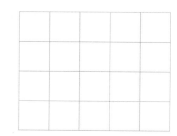

🍡 계산해 보세요.

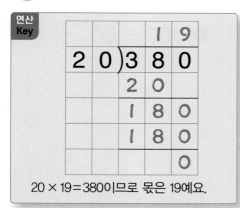

연산 Key

```
        1 9
2 0 ) 3 8 0
    2 0
      1 8 0
      1 8 0
            0
```

20 × 19 = 380이므로 몫은 19예요.

④

```
3 0 ) 8 4 0
```

⑧

```
5 0 ) 8 0 0
```

❶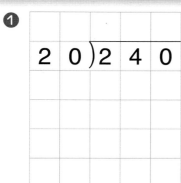

```
2 0 ) 2 4 0
```

⑤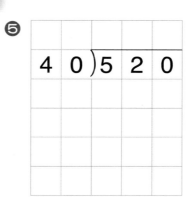

```
4 0 ) 5 2 0
```

⑨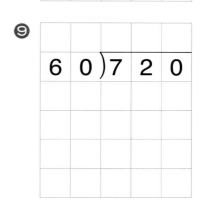

```
6 0 ) 7 2 0
```

❷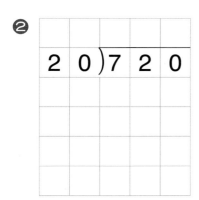

```
2 0 ) 7 2 0
```

⑥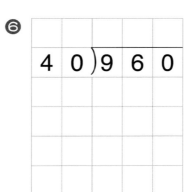

```
4 0 ) 9 6 0
```

⑩

```
7 0 ) 8 4 0
```

❸

```
3 0 ) 4 5 0
```

⑦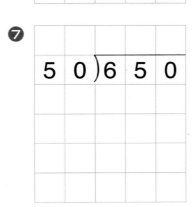

```
5 0 ) 6 5 0
```

⑪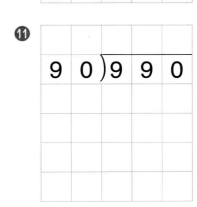

```
9 0 ) 9 9 0
```

2 DAY (몇백몇십)÷(몇십)

🐡 계산해 보세요.

❶ 540 ÷ 20

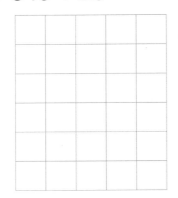

❹ 870 ÷ 30

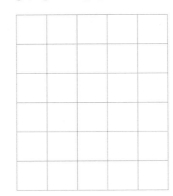

❼ 600 ÷ 50

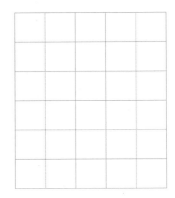

❷ 900 ÷ 20

❺ 480 ÷ 40

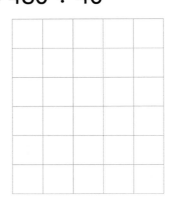

❽ 780 ÷ 60

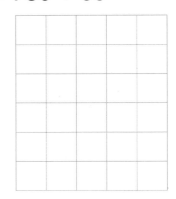

❸ 690 ÷ 30

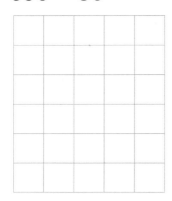

❻ 920 ÷ 40

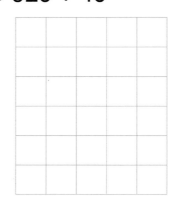

❾ 910 ÷ 70

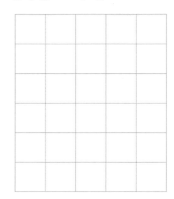

연산력 키우기 **3 DAY** **(몇백몇십)÷(두 자리 수)**

나누는 수에 얼마를 곱하면 곱의 일의 자리 숫자가 0이 되는지 생각해요.

🐡 계산해 보세요.

연산 Key

```
         1 5
 1 6 ) 2 4 0
       1 6
         8 0
         8 0
           0
```
16 × 15＝240이므로 몫은 15예요.

④
```
 2 8 ) 9 8 0
```

⑧
```
 5 5 ) 7 7 0
```

❶
```
 1 2 ) 1 8 0
```

⑤
```
 3 2 ) 4 8 0
```

⑨
```
 5 8 ) 8 7 0
```

❷
```
 1 5 ) 3 9 0
```

⑥
```
 3 5 ) 7 7 0
```

⑩
```
 6 5 ) 7 8 0
```

❸
```
 2 4 ) 6 0 0
```

⑦
```
 4 4 ) 6 6 0
```

⑪
```
 7 5 ) 9 0 0
```

계산해 보세요.

❶ 490 ÷ 14

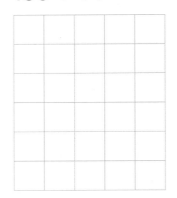

❹ 550 ÷ 22

❼ 630 ÷ 42

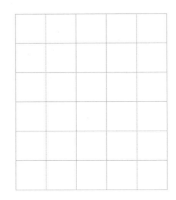

❷ 930 ÷ 15

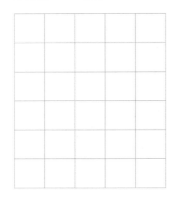

❺ 650 ÷ 25

❽ 990 ÷ 45

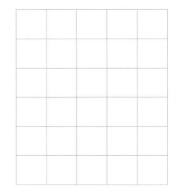

❸ 630 ÷ 18

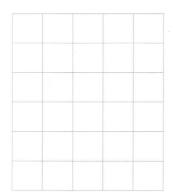

❻ 510 ÷ 34

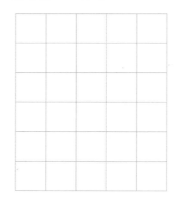

❾ 810 ÷ 54

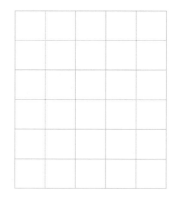

계산해 보세요.

17 × 13 = 221이므로 몫은 130이에요.

④
```
2 3 ) 3 6 8
```

⑧
```
3 9 ) 8 5 8
```

①
```
1 1 ) 1 2 1
```

⑤
```
2 4 ) 8 1 6
```

⑨
```
4 6 ) 9 6 6
```

②
```
1 6 ) 3 8 4
```

⑥
```
2 7 ) 7 8 3
```

⑩
```
5 2 ) 6 2 4
```

③
```
1 9 ) 8 7 4
```

⑦
```
3 5 ) 4 5 5
```

⑪
```
6 3 ) 9 4 5
```

(세 자리 수)÷(두 자리 수)

🐡 계산해 보세요.

❶ 169 ÷ 13

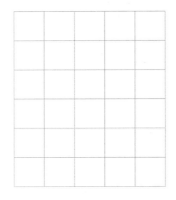

❹ 352 ÷ 22

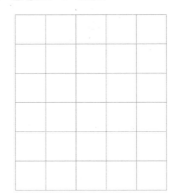

❼ 825 ÷ 33

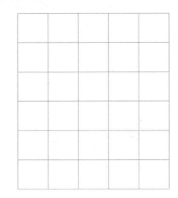

❷ 225 ÷ 15

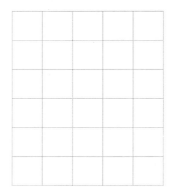

❺ 609 ÷ 29

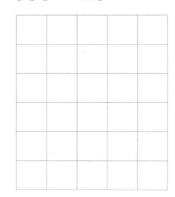

❽ 893 ÷ 47

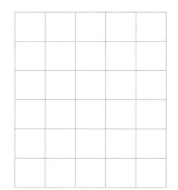

❸ 666 ÷ 18

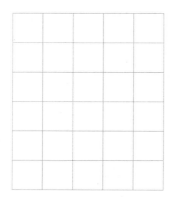

❻ 372 ÷ 31

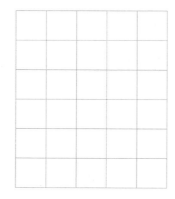

❾ 702 ÷ 54

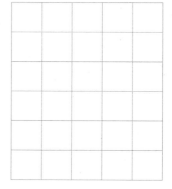

나누어떨어지므로 나머지는 없으니 몫만 구해요.

🐡 큰 수를 작은 수로 나누어 보세요.

연산 Key

558	31

➡ $558 \div 31 = 18$

558을 31로 나누어요.

① 420 12

② 750 15

③ 256 16

④ 513 19

⑤ 760 20

⑥ 693 21

⑦ 960 24

⑧ 625 25

⑨ 700 28

⑩ 480 30

⑪ 594 33

⑫ 798 38

⑬ 630 45

⑭ 833 49

⑮ 840 56

⑯ 793 61

⑰ 924 77

5 DAY 몫이 두 자리 수이고 나누어떨어지는 (세 자리 수)÷(두 자리 수)

🐡 큰 수를 작은 수로 나누어 보세요.

❶ 231 11

❷ 13 364

❸ 770 14

❹ 306 17

❺ 18 450

❻ 340 20

❼ 748 22

❽ 23 920

❾ 728 26

❿ 870 29

⓫ 800 32

⓬ 34 646

⓭ 700 35

⓮ 900 36

⓯ 40 560

⓰ 765 45

⓱ 742 53

⓲ 62 930

10

몫이 두 자리 수이고 나머지가 있는 (세 자리 수)÷(두 자리 수)

학습목표 1. 몫이 몇십이고 나머지가 있는 (세 자리 수)÷(두 자리 수)의 계산 익히기
2. 몫이 두 자리 수이고 나머지가 있는 (세 자리 수)÷(두 자리 수)의 계산 익히기

원리 깨치기

❶ 몫이 몇십이고 나머지가 있는
(세 자리 수)÷(두 자리 수)
❷ 몫이 두 자리 수이고 나머지가 있는
(세 자리 수)÷(두 자리 수)

월   일

이해!

한번 더!

561÷14, 329÷27을 계산하면 얼마가 될까?
우리는 바로 앞에서 몫이 두 자리 수이고 나누어떨어지는 (세 자리 수)÷(두 자리 수)를 열심히 공부했어.
이번에는 나머지가 있는 나눗셈이야.
몫이 두 자리 수이니까 2번 나누고, 나머지의 크기도 살펴보아야 해.
자! 그럼, 몫이 두 자리 수이고 나머지가 있는 (세 자리 수)÷(두 자리 수)를 공부해 보자.

연산력 키우기

❶ DAY		맞은 개수
		전체 문항
월	일	14
걸린시간 분	초	12
❷ DAY		맞은 개수
		전체 문항
월	일	11
걸린시간 분	초	9
❸ DAY		맞은 개수
		전체 문항
월	일	11
걸린시간 분	초	9
❹ DAY		맞은 개수
		전체 문항
월	일	11
걸린시간 분	초	9
❺ DAY		맞은 개수
		전체 문항
월	일	17
걸린시간 분	초	18

❶ **몫이 몇십이고 나머지가 있는 (세 자리 수)÷(두 자리 수)**

[561 ÷ 14 계산하기]

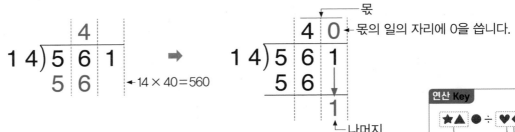

56에 14가 들어갈 수 있습니다.
➡ 56>14이면 몫은 두 자리 수입니다.

$$
\begin{array}{r}
4 \\
14\overline{)561} \\
56
\end{array}
$$
←14 × 40 = 560

➡

$$
\begin{array}{r}
40 \\
14\overline{)561} \\
56 \\
\hline
1
\end{array}
$$

← 몫
← 몫의 일의 자리에 0을 씁니다.
← 나머지

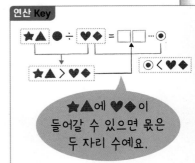

연산 Key

★▲● ÷ ♥◆ = □□ … ◉

★▲ > ♥◆   ◉ < ♥◆

★▲에 ♥◆이 들어갈 수 있으면 몫은 두 자리 수예요.

➡ 561 ÷ 14 = 40 ··· 1
  몫↗   ↖나머지

❷ **몫이 두 자리 수이고 나머지가 있는 (세 자리 수)÷(두 자리 수)**

[329 ÷ 27 계산하기]

$$
\begin{array}{r}
1 \\
27\overline{)329} \\
27
\end{array}
$$
←27 × 10 = 270

➡

$$
\begin{array}{r}
1 \\
27\overline{)329} \\
27 \\
\hline
59
\end{array}
$$
←329 − 270 = 59

➡

$$
\begin{array}{r}
12 \\
27\overline{)329} \\
27 \\
\hline
59 \\
54 \\
\hline
5
\end{array}
$$

몫→
나머지↑
27 × 2 = 54

➡ 329 ÷ 27 = 12 ··· 5
  몫↗   ↖나머지

> 몫은 □0이고
> 나머지가 있어요.

🐡 **계산해 보세요.**

연산 Key

```
          2  0
   1 7 ) 3  4  3
         3  4
             3
```

17 × 20＝340이므로 343÷17＝20…3
이에요.

❶
```
   1 1 ) 8  8  1
```

❷
```
   1 2 ) 6  0  5
```

❸
```
   1 4 ) 5  6  8
```

❹
```
   1 5 ) 9  0  3
```

❺
```
   1 9 ) 7  7  0
```

❻
```
   2 1 ) 4  2  6
```

❼
```
   2 3 ) 4  7  2
```

❽
```
   2 6 ) 7  8  9
```

❾
```
   2 7 ) 8  1  3
```

❿
```
   2 8 ) 5  7  4
```

⓫
```
   3 2 ) 9  6  7
```

⓬
```
   3 5 ) 7  0  4
```

⓭
```
   3 9 ) 7  9  5
```

⓮
```
   4 1 ) 8  3  0
```

몫이 몇십인 (세 자리 수)÷(두 자리 수)

계산해 보세요.

❶ 391 ÷ 13

❺ 891 ÷ 22

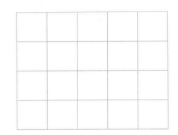

❾ 326 ÷ 31

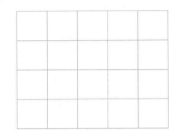

❷ 325 ÷ 16

❻ 729 ÷ 24

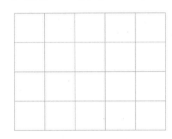

❿ 999 ÷ 33

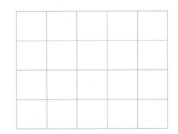

❸ 860 ÷ 17

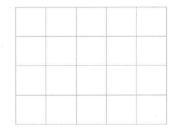

❼ 763 ÷ 25

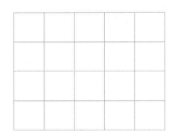

⓫ 686 ÷ 34

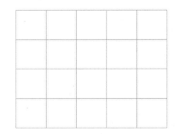

❹ 904 ÷ 18

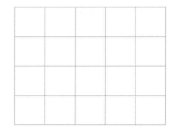

❽ 584 ÷ 29

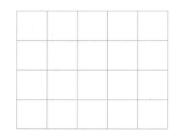

⓬ 732 ÷ 36

몇으로 나누는 것이
아님을 주의해요.

🐡 **계산해 보세요.**

연산 Key

```
            1 3
    30)3 9 5
       3 0
         9 5
         9 0
             5
```

30×13=390이므로 395÷30=13…5
예요.

❹
```
40)5 2 7
```

❽
```
60)8 4 2
```

❶
```
20)3 2 1
```

❺
```
40)9 2 9
```

❾
```
70)9 1 8
```

❷
```
20)7 0 4
```

❻
```
50)5 5 5
```

❿
```
80)9 6 4
```

❸
```
30)8 8 0
```

❼
```
50)9 6 3
```

⓫
```
90)9 9 9
```

(세 자리 수)÷(몇십)

🐡 계산해 보세요.

❶ 286 ÷ 20

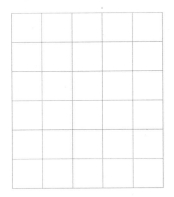

❹ 825 ÷ 30

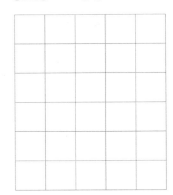

❼ 852 ÷ 50

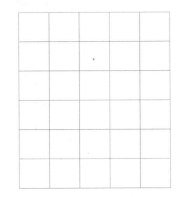

❷ 550 ÷ 20

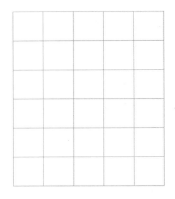

❺ 529 ÷ 40

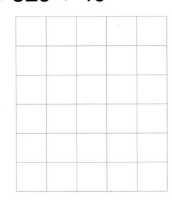

❽ 910 ÷ 60

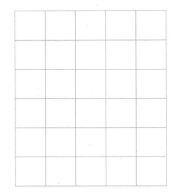

❸ 483 ÷ 30

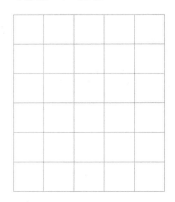

❻ 981 ÷ 40

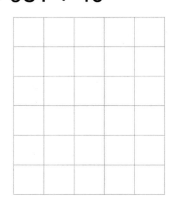

❾ 841 ÷ 70

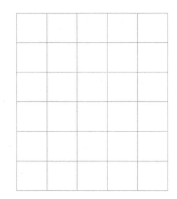

🐡 계산해 보세요.

연산 Key

```
          1  9
   1  4 ) 2  7  0
          1  4
          1  3  0
          1  2  6
                4
```

14 × 19 = 266이므로 270 ÷ 14 = 19…4 예요.

❶
```
   1  2 ) 1  4  0
```

❷
```
   1  5 ) 2  3  0
```

❸
```
   2  3 ) 4  2  0
```

❹
```
   2  7 ) 8  0  0
```

❺
```
   3  1 ) 4  4  0
```

❻
```
   3  6 ) 9  1  0
```

❼
```
   4  4 ) 5  3  0
```

❽
```
   5  9 ) 9  5  0
```

❾
```
   6  2 ) 6  9  0
```

❿
```
   7  5 ) 9  8  0
```

⓫
```
   8  1 ) 9  9  0
```

(몇백몇십)÷(두 자리 수)

 계산해 보세요.

❶ 410 ÷ 13

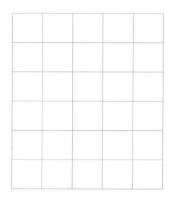

❹ 930 ÷ 25

❼ 780 ÷ 41

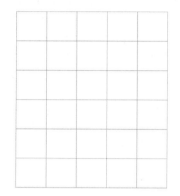

❷ 770 ÷ 17

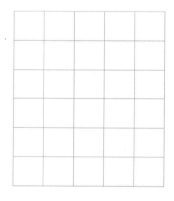

❺ 630 ÷ 34

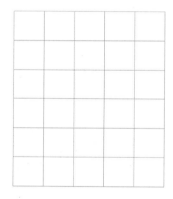

❽ 850 ÷ 53

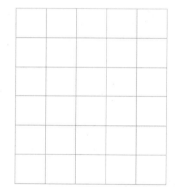

❸ 560 ÷ 22

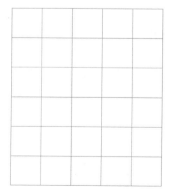

❻ 520 ÷ 37

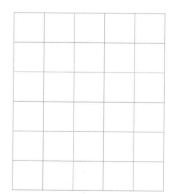

❾ 970 ÷ 68

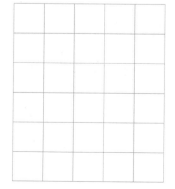

🐡 **계산해 보세요.**

연산
Key

```
          2 8
   2 4)6 7 3
       4 8
       1 9 3
       1 9 2
             1
```

24 × 28=6720이므로 673÷24=28…1
이에요.

❶
```
   1 4)2 1 2
```

❷
```
   1 9)7 2 9
```

❸
```
   2 5)3 5 4
```

❹
```
   2 8)7 3 9
```

❺
```
   3 2)3 5 3
```

❻
```
   3 5)9 5 4
```

❼
```
   4 3)6 5 1
```

❽
```
   4 7)8 9 5
```

❾
```
   5 5)8 9 2
```

❿
```
   6 3)7 0 3
```

⓫
```
   7 1)9 9 5
```

(세 자리 수)÷(두 자리 수)

 계산해 보세요.

❶ 188 ÷ 11

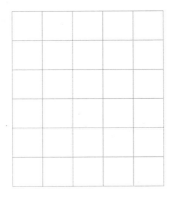

❹ 847 ÷ 29

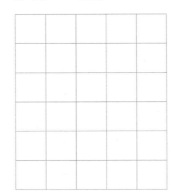

❼ 888 ÷ 46

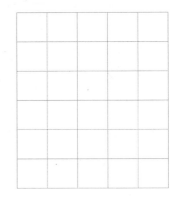

❷ 692 ÷ 18

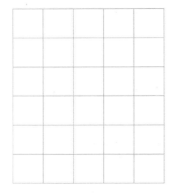

❺ 728 ÷ 33

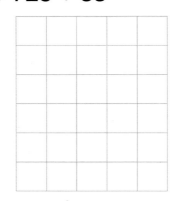

❽ 786 ÷ 52

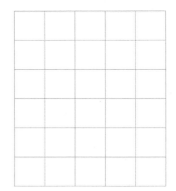

❸ 317 ÷ 26

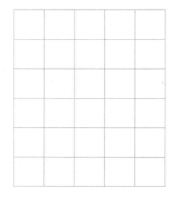

❻ 611 ÷ 38

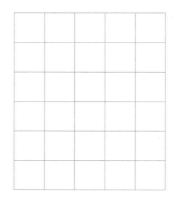

❾ 848 ÷ 65

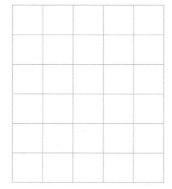

몫이 두 자리 수이고 나머지가 있는 (세 자리 수)÷(두 자리 수)

큰 수를 작은 수로 나누어 몫과 나머지를 구해요.

🐡 큰 수를 작은 수로 나누어 보세요.

연산 Key

| 468 | 33 |

➡ $468 \div 33 = 14 \cdots 6$

468을 33으로 나누어요.

① 733   12

② 845   14

③ 290   15

④ 273   18

⑤ 544   20

⑥ 356   22

⑦ 927   23

⑧ 656   34

⑨ 712   35

⑩ 940   39

⑪ 562   40

⑫ 768   45

⑬ 956   50

⑭ 586   53

⑮ 859   66

⑯ 968   74

⑰ 997   83

🐡 큰 수를 작은 수로 나누어 보세요.

❶ 200   11

❷ 911   13

❸ 16   390

❹ 496   17

❺ 845   21

❻ 25   429

❼ 970   26

❽ 27   822

❾ 872   30

❿ 628   31

⓫ 32   513

⓬ 961   38

⓭ 40   927

⓮ 780   44

⓯ 551   49

⓰ 51   615

⓱ 875   67

⓲ 73   890

효과가 상상 이상입니다.

예전에는 아이들의 어휘 학습을 위해 학습지를 만들어 주기도 했는데,
이제는 이 교재가 있으니 어휘 학습 고민은 해결되었습니다.
아이들에게 아침 자율 활동으로 할 것을 제안하였는데,
"선생님, 더 풀어도 되나요?"라는 모습을 보면,
아이들의 기초 학습 습관 형성에도 큰 도움이 되고 있다고 생각합니다.

ㄷ초등학교 안OO 선생님

어휘 공부의 힘을 느꼈습니다.

학습에 자신감이 없던 학생도 이미 배운 어휘가 수업에 나왔을 때 반가워합니다.
어휘를 먼저 학습하면서 흥미도가 높아지고
동기 부여가 되는 것을 보면서 어휘 공부의 힘을 느꼈습니다.

ㅂ학교 김OO 선생님

학생들 스스로 뿌듯해해요.

처음에는 어휘 학습을 따로 한다는 것 자체가 부담스러워했지만,
공부하는 내용에 대해 이해도가 높아지는 경험을 하면서
스스로 뿌듯해하는 모습을 볼 수 있었습니다.

ㅅ초등학교 손OO 선생님

앞으로도 활용할 계획입니다.

학생들에게 확인 문제의 수준이 너무 어렵지 않으면서도
교과서에 나오는 낱말의 뜻을 확실하게 배울 수 있었고,
주요 학습 내용과 관련 있는 낱말의 뜻과 용례를
정확하게 공부할 수 있어서 효과적이었습니다.

ㅅ초등학교 지OO 선생님

학교 선생님들이 확인한
어휘가 문해력이다의 학습 효과!
직접 경험해 보세요

학기별 교과서 어휘 완전 학습
<어휘가 문해력이다>
—— 예비 초등 ~ 중학 3학년 ——

EBS

단계별 기초 학습
코어 강화 프로그램

주제별 5일 구성, 매일 2쪽으로 키우는 계산력

만점왕 연산 7 단계

초등 4학년

정답

1 (몇백)×(몇십), (몇백몇십)×(몇십)

1
DAY
(몇백) × (몇십)

11쪽

❶ 1000	❻ 8000	⓫ 14000
❷ 6000	❼ 25000	⓬ 56000
❸ 12000	❽ 40000	⓭ 72000
❹ 21000	❾ 24000	⓮ 36000
❺ 27000	❿ 30000	

12쪽

❶ 7000	❻ 35000	⓫ 40000
❷ 10000	❼ 18000	⓬ 81000
❸ 24000	❽ 36000	
❹ 20000	❾ 28000	
❺ 36000	❿ 49000	

2
DAY
(몇십) × (몇백)

13쪽

❶ 2000	❻ 20000	⓫ 56000
❷ 6000	❼ 15000	⓬ 32000
❸ 18000	❽ 30000	⓭ 18000
❹ 27000	❾ 42000	⓮ 72000
❺ 16000	❿ 14000	

14쪽

❶ 5000	❻ 45000	⓫ 48000
❷ 4000	❼ 18000	⓬ 63000
❸ 21000	❽ 48000	
❹ 24000	❾ 28000	
❺ 25000	❿ 40000	

2 만점왕 연산 ❼단계

3 DAY (몇백몇십) × (몇십) (1)

15쪽

❶ 5400   ❻ 8400   ⓫ 8400
❷ 7800   ❼ 5200   ⓬ 9600
❸ 2800   ❽ 9200   ⓭ 7700
❹ 9200   ❾ 8500   ⓮ 9600
❺ 4500   ❿ 9500

16쪽

❶ 4800   ❻ 7500   ⓫ 9800
❷ 5200   ❼ 4800   ⓬ 9900
❸ 7800   ❽ 9600
❹ 9800   ❾ 9000
❺ 5100   ❿ 7200

4 DAY (몇백몇십) × (몇십) (2)

17쪽

❶ 17000   ❻ 24500   ⓫ 65600
❷ 21900   ❼ 10200   ⓬ 76000
❸ 14000   ❽ 37800   ⓭ 58500
❹ 22400   ❾ 24500   ⓮ 69300
❺ 12000   ❿ 52500

18쪽

❶ 12600   ❻ 44000   ⓫ 72800
❷ 15200   ❼ 45000   ⓬ 65700
❸ 17400   ❽ 37100
❹ 34000   ❾ 48300
❺ 31000   ❿ 49600

5 DAY (몇백) × (몇십), (몇백몇십) × (몇십)

19쪽

❶ 18000   ❼ 63000   ⓭ 8400
❷ 15000   ❽ 54000   ⓮ 43200
❸ 8000   ❾ 17600   ⓯ 32200
❹ 30000   ❿ 17100   ⓰ 15200
❺ 54000   ⓫ 10000   ⓱ 24300
❻ 64000   ⓬ 18000

20쪽

❶ 8000   ❼ 56000   ⓭ 18000
❷ 6000   ❽ 24000   ⓮ 43200
❸ 24000   ❾ 13200   ⓯ 16800
❹ 10000   ❿ 5100   ⓰ 34300
❺ 4000   ⓫ 15900   ⓱ 24300
❻ 18000   ⓬ 37200   ⓲ 76500

2 (세 자리 수)×(몇십)

1 DAY (세 자리 수)×(몇십)(1)

23쪽

❶ 2660	❻ 6380	⓫ 6960
❷ 6840	❼ 8760	⓬ 7350
❸ 6030	❽ 6750	⓭ 8960
❹ 9960	❾ 8640	⓮ 9720
❺ 4880	❿ 5450	

24쪽

❶ 4680	❻ 8740	⓫ 6540
❷ 8240	❼ 6570	⓬ 8240
❸ 6930	❽ 9780	
❹ 8480	❾ 4920	
❺ 2500	❿ 5750	

2 DAY (세 자리 수)×(몇십)(2)

25쪽

❶ 3660	❻ 18060	⓫ 42060
❷ 10620	❼ 27630	⓬ 9170
❸ 18080	❽ 6880	⓭ 24880
❹ 8190	❾ 16440	⓮ 45090
❺ 4530	❿ 9050	

26쪽

❶ 7680	❻ 18960	⓫ 8470
❷ 9260	❼ 7240	⓬ 72990
❸ 14840	❽ 28480	
❹ 8130	❾ 6550	
❺ 4590	❿ 30660	

3 DAY (세 자리 수) × (몇십)(3)

27쪽

❶ 3140
❷ 11840
❸ 8040
❹ 12570
❺ 9400
❻ 30440
❼ 9300
❽ 15200
❾ 8940
❿ 37860
⓫ 14980
⓬ 40560
⓭ 12880
⓮ 27450

28쪽

❶ 5160
❷ 13420
❸ 5850
❹ 10260
❺ 9960
❻ 18550
❼ 35600
❽ 9720
❾ 35560
❿ 58170
⓫ 9120
⓬ 38790

4 DAY (세 자리 수) × (몇십)(4)

29쪽

❶ 19700
❷ 14370
❸ 19140
❹ 11800
❺ 21800
❻ 28850
❼ 11520
❽ 43380
❾ 12950
❿ 30380
⓫ 13200
⓬ 27040
⓭ 11070
⓮ 46260

30쪽

❶ 15300
❷ 13170
❸ 11400
❹ 25880
❺ 13100
❻ 11880
❼ 25020
❽ 10640
❾ 25550
❿ 11440
⓫ 25110
⓬ 37620

5 DAY (세 자리 수) × (몇십)

31쪽

❶ 2880
❷ 14980
❸ 6540
❹ 15750
❺ 16960
❻ 26200
❼ 6700
❽ 20850
❾ 31300
❿ 6900
⓫ 17040
⓬ 9730
⓭ 39270
⓮ 16960
⓯ 32560
⓰ 32040
⓱ 61380

32쪽

❶ 2700
❷ 13760
❸ 9390
❹ 22260
❺ 5000
❻ 20280
❼ 25680
❽ 10750
❾ 46600
❿ 9240
⓫ 50100
⓬ 8680
⓭ 28630
⓮ 43260
⓯ 24960
⓰ 47600
⓱ 12690
⓲ 39510

3 (몇백)×(두 자리 수), (몇백몇십)×(두 자리 수)

1 DAY (몇백)×(두 자리 수)(1)

35쪽

❶ 6600	❺ 3800	❾ 5600
❷ 2600	❻ 8800	❿ 9900
❸ 1400	❼ 7200	⓫ 8200
❹ 8500	❽ 2600	

36쪽

❶ 9800	❺ 6300	❾ 7200
❷ 7500	❻ 9200	
❸ 9600	❼ 7500	
❹ 3600	❽ 5800	

2 DAY (몇백)×(두 자리 수)(2)

37쪽

❶ 10800	❺ 13200	❾ 30000
❷ 11200	❻ 26000	❿ 73800
❸ 26100	❼ 11600	⓫ 65800
❹ 28000	❽ 36600	

38쪽

❶ 10200	❺ 11600	❾ 81900
❷ 20000	❻ 18900	
❸ 14400	❼ 53900	
❹ 21000	❽ 49200	

3 DAY (몇백몇십) × (두 자리 수)(1)

❶ 1560 ❺ 8670 ❾ 7440
❷ 3920 ❻ 7740 ❿ 7840
❸ 5250 ❼ 7030 ⓫ 9860
❹ 7360 ❽ 3150

❶ 8140 ❺ 8970 ❾ 8480
❷ 3640 ❻ 5760
❸ 8170 ❼ 4320
❹ 5280 ❽ 9870

4 DAY (몇백몇십) × (두 자리 수)(2)

❶ 12150 ❺ 30870 ❾ 62780
❷ 10800 ❻ 24000 ❿ 23500
❸ 29610 ❼ 74260 ⓫ 61380
❹ 40560 ❽ 37260

❶ 11160 ❺ 18450 ❾ 26190
❷ 14300 ❻ 18550
❸ 11520 ❼ 56440
❹ 18720 ❽ 33300

5 DAY (몇백) × (두 자리 수), (몇백몇십) × (두 자리 수)

❶ 3600 ❼ 16500 ⓭ 12960
❷ 6000 ❽ 40500 ⓮ 22680
❸ 15300 ❾ 1560 ⓯ 12640
❹ 14000 ❿ 7920 ⓰ 60480
❺ 20300 ⓫ 16380 ⓱ 41850
❻ 24600 ⓬ 28160

❶ 9500 ❼ 66600 ⓭ 5180
❷ 5000 ❽ 35200 ⓮ 11000
❸ 10400 ❾ 54600 ⓯ 45920
❹ 10500 ❿ 3120 ⓰ 36720
❺ 34300 ⓫ 14580 ⓱ 31540
❻ 13600 ⓬ 3450 ⓲ 61750

4 (세 자리 수)×(두 자리 수)

1
DAY (세 자리 수) × (두 자리 수) (1)

47쪽

❶ 3806	❺ 4968	❾ 9635
❷ 1620	❻ 3348	❿ 7866
❸ 2142	❼ 9984	⓫ 9900
❹ 5764	❽ 4032	

48쪽

❶ 1212	❺ 3074	❾ 9280
❷ 3458	❻ 5705	
❸ 9912	❼ 5704	
❹ 3075	❽ 6018	

2
DAY (세 자리 수) × (두 자리 수) (2)

49쪽

❶ 8940	❺ 4816	❾ 9976
❷ 8008	❻ 9144	❿ 9983
❸ 6902	❼ 11895	⓫ 10235
❹ 8188	❽ 10170	

50쪽

❶ 9390	❺ 10208	❾ 10530
❷ 5490	❻ 10249	
❸ 11784	❼ 10350	
❹ 5564	❽ 10207	

3 DAY (세 자리 수)×(두 자리 수)(3)

51쪽

❶ 10836 ❷ 12320 ❸ 11223 ❹ 11596 ❺ 29158 ❻ 22248 ❼ 15836 ❽ 20580 ❾ 16405 ❿ 30504 ⓫ 11904

52쪽

❶ 16523 ❷ 34272 ❸ 23870 ❹ 29664 ❺ 21316 ❻ 11424 ❼ 10795 ❽ 35788 ❾ 21150

4 DAY (세 자리 수)×(두 자리 수)(4)

53쪽

❶ 15704 ❷ 12425 ❸ 31724 ❹ 23585 ❺ 32116 ❻ 16632 ❼ 23384 ❽ 64974 ❾ 57290 ❿ 80545 ⓫ 54999

54쪽

❶ 13075 ❷ 15732 ❸ 19061 ❹ 13160 ❺ 65057 ❻ 56700 ❼ 11088 ❽ 60076 ❾ 82944

5 DAY (세 자리 수)×(두 자리 수)

55쪽

❶ 4992 ❷ 1710 ❸ 11376 ❹ 18062 ❺ 15174 ❻ 11966 ❼ 6086 ❽ 28944 ❾ 41720 ❿ 14042 ⓫ 38367 ⓬ 25678 ⓭ 12012 ⓮ 42722 ⓯ 23650 ⓰ 35399 ⓱ 68970

56쪽

❶ 6552 ❷ 8694 ❸ 15808 ❹ 7512 ❺ 6025 ❻ 13635 ❼ 25476 ❽ 16568 ❾ 5418 ❿ 35438 ⓫ 18928 ⓬ 53808 ⓭ 22936 ⓮ 35456 ⓯ 22648 ⓰ 59450 ⓱ 35040 ⓲ 57717

5 (두 자리 수)÷(몇십)

1 DAY 나누어떨어지는 (몇십) ÷ (몇십)

59쪽

❶ 3	❻ 4	⓫ 2
❷ 5	❼ 1	⓬ 1
❸ 9	❽ 3	⓭ 1
❹ 2	❾ 6	⓮ 1
❺ 1	❿ 1	

60쪽

❶ 2	❻ 2	⓫ 1
❷ 6	❼ 3	⓬ 1
❸ 4	❽ 2	
❹ 7	❾ 3	
❺ 4	❿ 2	

2 DAY 나머지가 있는 (몇십) ÷ (몇십)

61쪽

❶ 1…10	❻ 2…20	⓫ 1…30
❷ 3…10	❼ 2…10	⓬ 1…10
❸ 2…10	❽ 1…10	⓭ 1…20
❹ 4…10	❾ 2…10	⓮ 1…10
❺ 1…20	❿ 1…10	

62쪽

❶ 2…10	❻ 1…20	⓫ 1…30
❷ 4…10	❼ 1…30	⓬ 1…10
❸ 3…10	❽ 1…40	
❹ 1…10	❾ 1…20	
❺ 2…10	❿ 1…20	

3 DAY 나머지가 있는 (두 자리 수)÷(몇십)(1)

63쪽

❶ 2…1	❻ 4…3	⓫ 1…9
❷ 5…6	❼ 3…7	⓬ 1…6
❸ 3…3	❽ 2…6	⓭ 1…5
❹ 2…2	❾ 1…5	⓮ 1…2
❺ 1…8	❿ 2…1	

64쪽

❶ 3…7	❻ 1…4	⓫ 1…2
❷ 8…2	❼ 3…3	⓬ 1…9
❸ 3…5	❽ 1…8	
❹ 1…1	❾ 2…7	
❺ 4…6	❿ 1…3	

4 DAY 나머지가 있는 (두 자리 수)÷(몇십)(2)

65쪽

❶ 1…14	❻ 1…25	⓫ 1…31
❷ 2…19	❼ 2…27	⓬ 1…19
❸ 4…13	❽ 1…11	⓭ 1…26
❹ 3…16	❾ 1…24	⓮ 1…13
❺ 1…19	❿ 2…15	

66쪽

❶ 2…13	❻ 1…33	⓫ 1…23
❷ 1…19	❼ 2…19	⓬ 1…15
❸ 3…18	❽ 1…12	
❹ 1…24	❾ 1…24	
❺ 2…11	❿ 1…28	

5 DAY (두 자리 수)÷(몇십)

67쪽

❶ 5	❼ 2	⓭ 1…17
❷ 6…3	❽ 1…3	⓮ 1…10
❸ 4	❾ 2…12	⓯ 1…12
❹ 1…3	❿ 2	⓰ 1…9
❺ 2…10	⓫ 1…1	⓱ 1…4
❻ 4…7	⓬ 2…12	

68쪽

❶ 5…1	❼ 3	⓭ 1…20
❷ 7	❽ 2…6	⓮ 1…2
❸ 2	❾ 2…13	⓯ 1…5
❹ 3	❿ 1…4	⓰ 1…10
❺ 4…9	⓫ 1…20	⓱ 1…17
❻ 2…15	⓬ 2…2	⓲ 1…6

6 (세 자리 수)÷(몇십)

1 DAY 나누어떨어지는 (몇백몇십) ÷ (몇십)

71쪽

❶ 5	❻ 8	⓫ 8
❷ 9	❼ 5	⓬ 4
❸ 5	❽ 6	⓭ 8
❹ 7	❾ 9	⓮ 5
❺ 5	❿ 3	

72쪽

❶ 8	❻ 3	⓫ 3
❷ 9	❼ 5	⓬ 8
❸ 4	❽ 5	
❹ 7	❾ 7	
❺ 8	❿ 3	

2 DAY 나머지가 있는 (몇백몇십) ÷ (몇십)

73쪽

❶ 6⋯10	❻ 4⋯20	⓫ 2⋯10
❷ 8⋯10	❼ 9⋯10	⓬ 5⋯50
❸ 5⋯10	❽ 5⋯10	⓭ 4⋯10
❹ 6⋯20	❾ 4⋯50	⓮ 9⋯20
❺ 4⋯30	❿ 9⋯20	

74쪽

❶ 7⋯10	❻ 3⋯20	⓫ 5⋯20
❷ 3⋯10	❼ 8⋯10	⓬ 6⋯30
❸ 9⋯20	❽ 7⋯10	
❹ 7⋯20	❾ 3⋯50	
❺ 8⋯40	❿ 2⋯50	

3 DAY 나머지가 있는 (세 자리 수) ÷ (몇십)(1)

75쪽

❶ 5…4 ❻ 5…5 ⓫ 9…6
❷ 9…1 ❼ 7…7 ⓬ 2…9
❸ 4…3 ❽ 8…8 ⓭ 3…4
❹ 7…9 ❾ 5…1 ⓮ 6…5
❺ 4…6 ❿ 6…5

76쪽

❶ 6…1 ❻ 5…4 ⓫ 7…3
❷ 8…5 ❼ 6…9 ⓬ 4…1
❸ 5…3 ❽ 9…6
❹ 4…5 ❾ 3…2
❺ 6…3 ❿ 5…8

4 DAY 나머지가 있는 (세 자리 수) ÷ (몇십)(2)

77쪽

❶ 5…16 ❻ 3…34 ⓫ 3…44
❷ 3…15 ❼ 8…29 ⓬ 4…56
❸ 6…22 ❽ 5…13 ⓭ 2…21
❹ 6…13 ❾ 7…32 ⓮ 5…48
❺ 9…11 ❿ 7…15

78쪽

❶ 7…14 ❻ 3…27 ⓫ 8…36
❷ 7…21 ❼ 6…13 ⓬ 6…22
❸ 8…35 ❽ 7…11
❹ 9…12 ❾ 3…43
❺ 4…48 ❿ 1…24

5 DAY (세 자리 수) ÷ (몇십)

79쪽

❶ 5…10 ❼ 8…9 ⓭ 7…20
❷ 8…12 ❽ 7…3 ⓮ 5…11
❸ 7…6 ❾ 9 ⓯ 7
❹ 8 ❿ 2 ⓰ 4…33
❺ 3…8 ⓫ 8…27 ⓱ 8…1
❻ 7…15 ⓬ 3…20

80쪽

❶ 5…7 ❼ 6 ⓭ 2…7
❷ 9…10 ❽ 3…26 ⓮ 6…26
❸ 6 ❾ 6…14 ⓯ 6…20
❹ 4…8 ❿ 4 ⓰ 9…2
❺ 4…3 ⓫ 5…20 ⓱ 7
❻ 7…25 ⓬ 6 ⓲ 9…18

7 (두 자리 수)÷(두 자리 수)

1 DAY 나누어떨어지는 (두 자리 수)÷(두 자리 수)

83쪽

❶ 6　　❻ 2　　⓫ 3
❷ 2　　❼ 3　　⓬ 3
❸ 7　　❽ 4　　⓭ 2
❹ 3　　❾ 3　　⓮ 2
❺ 4　　❿ 2

84쪽

❶ 3　　❻ 2　　⓫ 2
❷ 7　　❼ 4　　⓬ 2
❸ 6　　❽ 3
❹ 4　　❾ 2
❺ 3　　❿ 3

2 DAY 나머지가 있는 (두 자리 수)÷(두 자리 수)(1)

85쪽

❶ 3…2　　❻ 2…4　　⓫ 1…7
❷ 1…6　　❼ 4…5　　⓬ 2…6
❸ 5…1　　❽ 3…2　　⓭ 2…8
❹ 4…9　　❾ 2…6　　⓮ 2…3
❺ 3…6　　❿ 3…1

86쪽

❶ 1…2　　❻ 5…3　　⓫ 2…6
❷ 4…3　　❼ 2…7　　⓬ 2…8
❸ 5…2　　❽ 3…1
❹ 4…5　　❾ 3…4
❺ 2…1　　❿ 1…9

3
DAY 나머지가 있는 (두 자리 수) ÷ (두 자리 수) (2)

87쪽

❶ 3…10	❻ 2…15	⓫ 1…15
❷ 5…11	❼ 1…10	⓬ 2…11
❸ 3…10	❽ 2…11	⓭ 2…16
❹ 5…13	❾ 3…15	⓮ 1…22
❺ 3…14	❿ 2…11	

88쪽

❶ 2…10	❻ 3…11	⓫ 2…11
❷ 3…12	❼ 3…16	⓬ 2…12
❸ 1…11	❽ 1…14	
❹ 5…12	❾ 2…10	
❺ 2…13	❿ 3…10	

4
DAY (몇십) ÷ (두 자리 수)

89쪽

❶ 1…9	❻ 3…12	⓫ 3…9
❷ 2…6	❼ 2…6	⓬ 2…22
❸ 3…1	❽ 2…12	⓭ 2…2
❹ 2…12	❾ 3…1	⓮ 2
❺ 4	❿ 2…12	

90쪽

❶ 3…4	❻ 2…2	⓫ 2…18
❷ 1…7	❼ 2…18	⓬ 2…12
❸ 2	❽ 3…8	
❹ 2…16	❾ 2…18	
❺ 5	❿ 2…4	

5
DAY (두 자리 수) ÷ (두 자리 수)

91쪽

❶ 3…5	❼ 4…1	⓭ 2…12
❷ 7…6	❽ 1…2	⓮ 3…2
❸ 3…3	❾ 3	⓯ 2…10
❹ 2	❿ 3…15	⓰ 2
❺ 3…12	⓫ 4	⓱ 2…7
❻ 4…6	⓬ 3	

92쪽

❶ 1…7	❼ 4	⓭ 3
❷ 2…4	❽ 2…18	⓮ 3…1
❸ 3…6	❾ 3…5	⓯ 3…4
❹ 6	❿ 3…13	⓰ 2…5
❺ 5	⓫ 2…10	⓱ 2…1
❻ 4…9	⓬ 3…5	⓲ 2…12

8 몫이 한 자리 수인 (세 자리 수)÷(두 자리 수)

1 DAY 나누어떨어지는 (몇백몇십)÷(두 자리 수)

95쪽

❶ 8
❷ 5
❸ 6
❹ 5
❺ 5
❻ 5
❼ 4
❽ 5
❾ 6
❿ 2
⓫ 5
⓬ 6
⓭ 5
⓮ 5

96쪽

❶ 8
❷ 5
❸ 4
❹ 5
❺ 5
❻ 8
❼ 5
❽ 4
❾ 8
❿ 5
⓫ 5
⓬ 6

2 DAY 나누어떨어지는 (세 자리 수)÷(두 자리 수)

97쪽

❶ 9
❷ 6
❸ 9
❹ 7
❺ 5
❻ 4
❼ 6
❽ 7
❾ 6
❿ 3
⓫ 2
⓬ 6
⓭ 4
⓮ 3

98쪽

❶ 9
❷ 6
❸ 7
❹ 3
❺ 4
❻ 3
❼ 6
❽ 8
❾ 3
❿ 6
⓫ 7
⓬ 5

3
DAY
나머지가 있는 (몇백몇십) ÷ (두 자리 수)

99쪽

❶ 9…3	❻ 4…6	⓫ 5…15
❷ 6…4	❼ 6…6	⓬ 4…2
❸ 6…18	❽ 4…20	⓭ 3…9
❹ 7…4	❾ 7…8	⓮ 8…22
❺ 8…8	❿ 4…18	

100쪽

❶ 6…2	❻ 6…20	⓫ 9…14
❷ 5…10	❼ 4…2	⓬ 7…25
❸ 5…5	❽ 7…7	
❹ 6…16	❾ 3…16	
❺ 7…9	❿ 5…5	

4
DAY
나머지가 있는 (세 자리 수) ÷ (두 자리 수)

101쪽

❶ 7…3	❻ 4…13	⓫ 3…31
❷ 6…2	❼ 4…3	⓬ 4…10
❸ 4…5	❽ 6…5	⓭ 9…1
❹ 4…1	❾ 7…14	⓮ 6…7
❺ 3…11	❿ 8…8	

102쪽

❶ 9…1	❻ 6…11	⓫ 6…19
❷ 6…5	❼ 9…24	⓬ 8…10
❸ 7…2	❽ 4…1	
❹ 4…3	❾ 3…3	
❺ 6…28	❿ 7…7	

5
DAY
몫이 한 자리 수인 (세 자리 수) ÷ (두 자리 수)

103쪽

❶ 8…1	❼ 7…12	⓭ 5
❷ 8	❽ 5…10	⓮ 4…10
❸ 5…10	❾ 3	⓯ 8…8
❹ 5…5	❿ 9	⓰ 9…1
❺ 8	⓫ 7…2	⓱ 4…4
❻ 6…3	⓬ 4…3	

104쪽

❶ 9…1	❼ 6	⓭ 2…4
❷ 7	❽ 4…1	⓮ 9
❸ 6…4	❾ 5	⓯ 5…5
❹ 4…11	❿ 9…5	⓰ 9…17
❺ 8…2	⓫ 7	⓱ 4
❻ 7	⓬ 9…5	⓲ 5…22

9 몫이 두 자리 수이고 나누어떨어지는 (세 자리 수)÷(두 자리 수)

1 DAY — 몫이 몇십인 (세 자리 수)÷(두 자리 수)

107쪽

❶ 40	❻ 40	⓫ 30
❷ 70	❼ 30	⓬ 20
❸ 50	❽ 20	⓭ 20
❹ 20	❾ 20	⓮ 20
❺ 50	❿ 30	

108쪽

❶ 70	❻ 40	⓫ 20
❷ 50	❼ 30	⓬ 20
❸ 40	❽ 20	
❹ 50	❾ 30	
❺ 30	❿ 30	

2 DAY — (몇백몇십)÷(몇십)

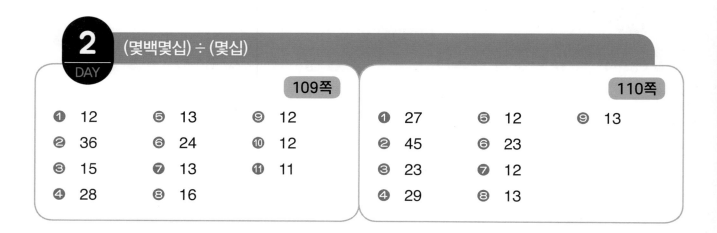

109쪽

❶ 12	❺ 13	❾ 12
❷ 36	❻ 24	❿ 12
❸ 15	❼ 13	⓫ 11
❹ 28	❽ 16	

110쪽

❶ 27	❺ 12	❾ 13
❷ 45	❻ 23	
❸ 23	❼ 12	
❹ 29	❽ 13	

3 DAY (몇백몇십)÷(두 자리 수)

111쪽

❶ 15	❺ 15	❾ 15
❷ 26	❻ 22	❿ 12
❸ 25	❼ 15	⓫ 12
❹ 35	❽ 14	

112쪽

❶ 35	❺ 26	❾ 15
❷ 62	❻ 15	
❸ 35	❼ 15	
❹ 25	❽ 22	

4 DAY (세 자리 수)÷(두 자리 수)

113쪽

❶ 11	❺ 34	❾ 21
❷ 24	❻ 29	❿ 12
❸ 46	❼ 13	⓫ 15
❹ 16	❽ 22	

114쪽

❶ 13	❺ 21	❾ 13
❷ 15	❻ 12	
❸ 37	❼ 25	
❹ 16	❽ 19	

5 DAY 몫이 두 자리 수이고 나누어떨어지는 (세 자리 수)÷(두 자리 수)

115쪽

❶ 35	❼ 40	⓭ 14
❷ 50	❽ 25	⓮ 17
❸ 16	❾ 25	⓯ 15
❹ 27	❿ 16	⓰ 13
❺ 38	⓫ 18	⓱ 12
❻ 33	⓬ 21	

116쪽

❶ 21	❼ 34	⓭ 20
❷ 28	❽ 40	⓮ 25
❸ 55	❾ 28	⓯ 14
❹ 18	❿ 30	⓰ 17
❺ 25	⓫ 25	⓱ 14
❻ 17	⓬ 19	⓲ 15

10 몫이 두 자리 수이고 나머지가 있는 (세 자리 수)÷(두 자리 수)

1 DAY 몫이 몇십인 (세 자리 수)÷(두 자리 수)

119쪽

❶ 80…1	❻ 20…6	⓫ 30…7
❷ 50…5	❼ 20…12	⓬ 20…4
❸ 40…8	❽ 30…9	⓭ 20…15
❹ 60…3	❾ 30…3	⓮ 20…10
❺ 40…10	❿ 20…14	

120쪽

❶ 30…1	❻ 30…9	⓫ 20…6
❷ 20…5	❼ 30…13	⓬ 20…12
❸ 50…10	❽ 20…4	
❹ 50…4	❾ 10…16	
❺ 40…11	❿ 30…9	

2 DAY (세 자리 수) ÷ (몇십)

121쪽

❶ 16…1	❺ 23…9	❾ 13…8
❷ 35…4	❻ 11…5	❿ 12…4
❸ 29…10	❼ 19…13	⓫ 11…9
❹ 13…7	❽ 14…2	

122쪽

❶ 14…6	❺ 13…9	❾ 12…1
❷ 27…10	❻ 24…21	
❸ 16…3	❼ 17…2	
❹ 27…15	❽ 15…10	

3 DAY — (몇백몇십)÷(두 자리 수)

123쪽

❶ 11…8	❺ 14…6	❾ 11…8
❷ 15…5	❻ 25…10	❿ 13…5
❸ 18…6	❼ 12…2	⓫ 12…18
❹ 29…17	❽ 16…6	

124쪽

❶ 31…7	❺ 18…18	❾ 14…18
❷ 45…5	❻ 14…2	
❸ 25…10	❼ 19…1	
❹ 37…5	❽ 16…2	

4 DAY — (세 자리 수)÷(두 자리 수)

125쪽

❶ 15…2	❺ 11…1	❾ 16…12
❷ 38…7	❻ 27…9	❿ 11…10
❸ 14…4	❼ 15…6	⓫ 14…1
❹ 26…11	❽ 19…2	

126쪽

❶ 17…1	❺ 22…2	❾ 13…3
❷ 38…8	❻ 16…3	
❸ 12…5	❼ 19…14	
❹ 29…6	❽ 15…6	

5 DAY — 몫이 두 자리 수이고 나머지가 있는 (세 자리 수)÷(두 자리 수)

127쪽

❶ 61…1	❼ 40…7	⓭ 19…6
❷ 60…5	❽ 19…10	⓮ 11…3
❸ 19…5	❾ 20…12	⓯ 13…1
❹ 15…3	❿ 24…4	⓰ 13…6
❺ 27…4	⓫ 14…2	⓱ 12…1
❻ 16…4	⓬ 17…3	

128쪽

❶ 18…2	❼ 37…8	⓭ 23…7
❷ 70…1	❽ 30…12	⓮ 17…32
❸ 24…6	❾ 29…2	⓯ 11…12
❹ 29…3	❿ 20…8	⓰ 12…3
❺ 40…5	⓫ 16…1	⓱ 13…4
❻ 17…4	⓬ 25…11	⓲ 12…14

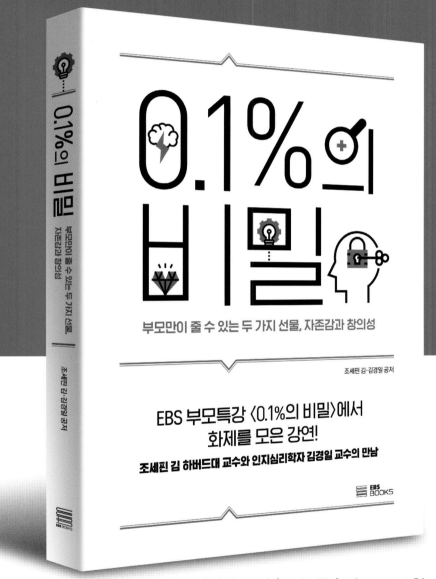

EBS

7 단계 | 초등 4학년

과목	시리즈명	특징	수준	대상
전과목	만점왕	교과서 중심 초등 기본서		초1~6
	만점왕 통합본	바쁜 초등학생을 위한 국어·사회·과학 압축본		초3~6
	만점왕 단원평가	한 권으로 학교 단원평가 대비		초3~6
국어	참 쉬운 글쓰기	초등학생에게 꼭 필요한 기초 글쓰기 연습		예비 초~초6
	참 쉬운 급수 한자	쉽게 배우는 한자능력검정시험 7~8급		예비 초~초2
	어휘가 독해다!	학년군별 교과서 필수 낱말 + 읽기 학습		초1~6
	4주 완성 독해력	학년별 교과서 연계 단기 독해 학습		예비 초~초6
	독해가 ○○을 만날 때	수학·사회·과학 주제별 국어 독해		초1~4
	당신의 문해력	평생을 살아가는 힘, '문해력' 향상 프로젝트		예비 초~중3
영어	EBS랑 홈스쿨 초등 영어	다양한 부가 자료가 있는 단계별 영어 학습		초3~6
	EBS 기초 영문법/영독해	고학년을 위한 중학 영어 내신 대비		초5~6
수학	만점왕 연산	과학적 연산 방법을 통한 계산력 훈련		예비 초~초6
	만점왕 수학 플러스	교과서 중심 기본 + 응용 문제		초1~6
	만점왕 수학 고난도	상위권을 위한 고난도 수학 문제		초4~6
사회	매일 쉬운 스토리 한국사	하루 한 주제를 쉽게 이야기로 배우는 한국사		초3~6
	스토리 한국사	고학년 사회 학습 및 한국사능력검정시험 입문서		초3~6
	多담은 한국사 연표	한국사 흐름을 익히기 쉬운 세로형 연표		초3~6
기타	창의체험 탐구생활	창의력을 키우는 창의체험활동·탐구		초1~6
	쉽게 배우는 초등 AI	초등 교과와 융합한 초등 인공지능 입문서		초1~6
전과목	기초학력 진단평가	3월 시행 기초학력 진단평가 대비서		초2~중2
	중학 신입생 예비과정	중학교 적응력을 올려 주는 예비 중1 필수 학습서		예비 중1

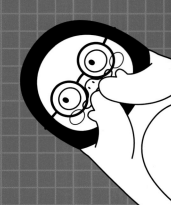

EBS와 함께하는 **자기주도 학습** 초등 · 중학 교재 로드맵

		예비 초등	1학년	2학년	3학년	4학년	5학년	6학년

전과목 기본서/평가

BEST **만점왕** 국어/수학/사회/과학
교과서 중심 초등 기본서

만점왕 통합본 학기별(8책)
바쁜 초등학생을 위한 국어·사회·과학 압축본

만점왕 단원평가 학기별(8책) **BEST**
한 권으로 학교 단원평가 대비

NEW **기초학력 진단평가** 초2~중2
초2부터 중2까지 기초학력 진단평가 대비

국어

독해
4주 완성 독해력 1~6단계 **단계별**
학년별 교과서 연계 단기 독해 학습

독해가 OO을 만날 때 수학/사회 1~2/과학 1~2 **주제별**
수학·사회·과학 주제별 국어 독해

문학

문법

어휘
어휘가 독해다! 초등 국어 어휘 입문
한글과 기초 단어로 시작하는 낱말 공부

어휘가 독해다! 초등 국어 어휘 기본
3, 4학년 교과서 필수 낱말 + 읽기 학습

어휘가 독해다! 초등 국어 어휘 실력
5, 6학년 교과서 필수 낱말 + 읽기 학습

쓰기
참 쉬운 글쓰기 1-따라 쓰는 글쓰기
맞춤법·받아쓰기로 시작하는 기초 글쓰기 연습

참 쉬운 글쓰기 2-문법에 맞는 글쓰기/3-목적에 맞는 글쓰기
초등학생에게 꼭 필요한 기초 글쓰기 연습

한자
참 쉬운 급수 한자 8급/7급Ⅱ/7급
한자능력검정시험 대비 급수별 학습

문해력
어휘/쓰기/ERI 독해/배경지식/디지털독해가 문해력이다 **학기별** **단계별**
평생을 살아가는 힘, 문해력을 키우는 학기별·단계별 종합 학습

영어

독해
EBS ELT 시리즈
· 권장 학년 : 유아~중1

EBS랑 홈스쿨 초등 영독해 LEVEL 1~3
다양한 부가 자료가 있는 단계별 영독해 학습

EBS 기초 영독해
중학 영어 내신 만점을 위한 첫 영독해

문법
EBS Big Cat
Collins BIG CAT
다양한 스토리를 통한 영어 리딩 실력 향상

EBS랑 홈스쿨 초등 영문법 LEVEL 1~2
다양한 부가 자료가 있는 단계별 영문법 학습

EBS 기초 영문법 1~2
중학 영어 내신 만점을 위한 첫 영문법

어휘
쓰기
듣기
EBS easy learning
easy learning First letters
저연령 학습자를 위한 기초 영어 프로그램

EBS Big Cat
Shinoy and the Chaos Crew
흥미롭고 몰입감 있는 스토리를 통한 풍부한 영어 독서

수학

연산
만점왕 연산 Pre1~2, 1~12단계
과학적 연산 방법을 통한 계산력 훈련

개념

응용
만점왕 수학 플러스 학기별(12책)
교과서 중심 기본 + 응용 문제

심화
만점왕 수학 고난도 학기별(6책)
상위권 학생을 위한 초등 고난도 문제집

특화

사회

사회/역사
초등학생을 위한 多담은 한국사 연표
연표로 흐름을 잡는 한국사 학습

매일 쉬운 스토리 한국사 1~2 /**스토리 한국사** 1~2
하루 한 주제를 이야기로 배우는 한국사 / 고학년 사회 학습 입문서

과학

과학

기타

창체
창의체험 탐구생활 1~12권
창의력을 키우는 창의체험활동·탐구

AI
쉽게 배우는 초등 AI 1(1~2학년)
초등 교과와 융합한 초등 1~2학년 인공지능 입문서

쉽게 배우는 초등 AI 2(3~4학년)
초등 교과와 융합한 초등 3~4학년 인공지능 입문서

쉽게 배우는 초등 AI 3(5~6학년)
초등 교과와 융합한 초등 5~6학년 인공지능 입문서